电子电气基础课程规划教材

数字电子技术实验教程

白雪梅　郝子强　主　编

詹伟达　王博钰　副主编

刘妍妍　刘树昌　陈　宇　宫玉琳　参　编

U0281335

电子工业出版社

Publishing House of Electronics Industry

北京·BEIJING

内 容 简 介

本书是为适应数字电子技术的迅猛发展和教学改革不断深入的需要，根据最新的数字电路教学大纲并结合高等院校理工科学生的实际情况，在教学实践的基础上编写的，分为上、下两篇。

上篇的实验安排符合数字电路理论课教学的基本要求，内容安排上注重数字集成电路的应用，并力求尽可能考虑数字技术发展趋势及应用。本篇不仅包括基础性测试和验证实验，还增加了综合设计性实验题目。实验内容的安排遵循循序渐进、由浅入深的规律，基本覆盖了典型的数字电路实验。有些实验只提供设计要求及原理简图，由学生自己完成方案选择、实验步骤及记录表格等，充分发挥学生的创造性和主动性。

下篇的实验为数字逻辑电路 EDA 仿真实验，介绍了数字电路自顶向下的设计方法和可编程器件的应用，并详细介绍了硬件描述语言（HDL）的编程方法。实验内容包括验证性实验、设计性实验和综合性实验等。

本书可以作为高等院校理工科数字电子技术实验教材，也可供高等职业技术院校的学生参考使用。

图书在版编目（CIP）数据

数字电子技术实验教程/白雪梅，郝子强主编. —北京：电子工业出版社，2014.2
电子电气基础课程规划教材
ISBN 978-7-121-22301-3

I. ①数… II. ①白… ②郝… III. ①数字电路－电子技术－实验－高等学校－教材
IV. ①TN79-33

中国版本图书馆 CIP 数据核字（2013）第 320809 号

策划编辑：竺南直
责任编辑：桑　昀
印　　刷：北京虎彩文化传播有限公司
装　　订：北京虎彩文化传播有限公司
出版发行：电子工业出版社
　　　　　北京市海淀区万寿路 173 信箱　　邮编：100036
开　　本：720×1000　1/16　　印张：11.5　字数：234.4 千字
版　　次：2014 年 2 月第 1 版
印　　次：2023 年 12 月第 7 次印刷
定　　价：25.00 元

前　　言

本书结合理论数字电子技术教学，以加强学生理论知识理解、培养学生应用能力为主要目标。将数字电子技术、数字逻辑电路 EDA 以及应用能力训练相结合，包含基础性实验题目和综合设计性实验题目，可以满足不同层次、不同侧重点的数字电子技术课程的教学要求。

本书特色

在实验题目选取上，理论基础知识与实际应用能力培养相结合。根据编者多年的数字电子技术教学经验以及多年的科研工作，选取课程中必需的基础知识点以及实际工作中必要的应用方向作为本书的实验题目，既注重本门课程知识点的完整性，又将实际应用融入到教学过程中。通过本门课程的学习，有利于学生理论知识的理解和实际工程经验的积累。

在实验内容设置上，本书充分考虑到数字电子技术课程的特点，突出集成芯片的应用性。选用目前最常用的数字电路芯片，连接具有代表意义的典型电路，对学生的进一步学习及未来的工作都具有重要意义。每小节都按照从原理到实践再到反思的步骤，引导学生在完成实验内容的同时，能够自主地分析实验结果、思考实验现象。

本书包括硬件电路实验、数字逻辑电路 EDA 实验两部分内容，将 Maxplus软件应用于教学过程中。利用仿真软件进行教学是一种灵活开放的教学手段，在课堂上通过仿真软件的演示可以将抽象的理论知识简单化、形象化，从而加深学生对理论知识的理解，调动学生的学习积极性，培养学生的创新意识。

教学建议

本书的参考学时为 40～60 学时，其中基础性实验题目建议每个题目 2 学时左右，综合设计性实验题目建议每个题目 4～6 学时。具体可根据各院校对专业课程的设置情况进行适当调整。

本书的部分综合设计性实验题目内容较多，可分为模块或作为数字电子技术课程设计内容进行实验安排。

本书中部分 EDA 实验题目使用 Maxplus II 软件编写，书中涉及的所有示例全部经过验证，实验时可参照施行。

编写团队

本书由白雪梅、郝子强主编，詹伟达、王博钰担任副主编，参加本书编写的还有刘妍妍、刘树昌、陈宇和宫玉琳。其中，白雪梅组织编写了本书的下篇，即数字逻辑电路 EDA 实验部分；郝子强组织编写了本书的上篇，即硬件电路实验部分。全书由白雪梅和郝子强进行统稿与修改。

本书在编写过程中直接或间接引用了许多学者的研究成果，在此，特向他们表示深切的敬意和衷心的感谢。书中的错误和欠妥之处，恳请各位同行、读者不吝赐教。

编　　者

目　录

上篇　硬件电路实验

下篇　数字逻辑电路 EDA 实验

附　录

上 篇

硬件电路实验

实验 1.1　TTL 集成门的测试与使用

【实验目的】

（1）掌握 TTL 与非门、集电极开路门和三态门逻辑功能的测试方法。

（2）熟悉 TTL 与非门、集电极开路门和三态门主要参数的测试方法。

【实验原理】

1. TTL 集成与非门

实验使用的 TTL 与非门 74LS020（或 T4020、T063 等）是双四输入端与非门，即在一块集成块内含有两个互相独立的与非门，每个与非门有 4 个输入端，其逻辑表达式为 $Y=\overline{ABCD}$，逻辑符号如图 1-1-1 所示。器件引出端排列图在本书附录 A 中可以查到。所有 TTL 集成电路使用的电源电压均为 $V_{CC} = +5V$。

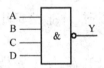

图 1-1-1　四输入与非门的逻辑符号

TTL 与非门具有以下几个主要参数：

1）低电平输出电源电流 I_{CCL} 和高电平输出电源电流 I_{CCH}

（1）低电平输出电源电流 I_{CCL} 是指：所有输入端悬空、输出端空载时，电源提供给器件的电流。

（2）高电平输出电源电流 I_{CCH} 则是指：每个门各有一个以上的输入端接地，输出端空载时的电源电流。

通常 $I_{CCL} > I_{CCH}$。

2) 低电平输入电流 I_{IL} 和高电平输入电流 I_{IH}

（1）低电平输入电流 I_{IL} 是指：当被测输入端的输入电压 $V_{\mathrm{IL}} = 0.4\mathrm{V}$、其余输入端悬空时，由被测输入端流出的电流值。

（2）高电平输入电流 I_{IH} 是指：当被测输入端接至+5V 电源、其余输入端接地时，流入被测输入端的电流值。

3) 低电平输出电流 I_{OL} 和高电平输出电流 I_{OH}

（1）低电平输出电流 I_{OL} 是指：被测输出端为低电平时，允许灌入输出端的电流值。

（2）高电平输出电流 I_{OH} 是指：被测输出端为高电平时，由输出端流出的电流值。

4) 电压传输特性

电压传输特性是反映输出电压 V_{O} 与输入电压 V_{I} 之间关系的特性曲线。从电压传输特性曲线上可以直接读得下述各参数值。

（1）输出高电平电压值 V_{OH}。它是指与非门有一个以上输入端接地时的输出电压值。当输出端接有上拉电流负载时，V_{OH} 值将下降。其允许的最小输出高电平电压值为 2.4V。

（2）输出低电平电压值 V_{OL}。它是指与非门的所有输入端悬空时的输出电压值。当输出端接有灌电流负载时，V_{OL} 值将升高。其允许的最大输出低电平电压值为 0.4V。

（3）最小输入高电平电压值 $V_{\mathrm{IH(min)}}$。它是指当输入电压大于此值时，输出必为低电平。通常 $V_{\mathrm{IH(min)}} \geqslant 2.0\mathrm{V}$。

（4）最大输入低电平电压值 $V_{\mathrm{IL(max)}}$。它是指当输入电压小于此值时，输出必为高电平。通常 $V_{\mathrm{IL\,(max)}} \leqslant 0.8\mathrm{V}$。

（5）阈值电压值 V_{T}。它是指与非门电压传输特性曲线上 $V_{\mathrm{OH\,(min)}}$ 与 $V_{\mathrm{OL\,(max)}}$ 之间迅速变化段中点附近的输入电压值。当与非门工作在这一电压附近时，输入信号的微小变化将导致电路状态的迅速改变。由于不同系列器件内部电路结构不同，所以阈值电压值 V_{T} 为 1.0～1.5V 不等。

（6）高电平直流噪声容限 V_{NH} 和低电平直流噪声容限 V_{NL}。直流噪声容限是指在最坏条件下，输入端上所允许的输入电压变化的极限范围。它表示驱动门输出电压的极限值和负载门所要求的输入电压极限值之差。

5）扇出系数 N_O

扇出系数 N_O 是指电路能驱动同类门电路的数目。用以衡量电路的负载能力：

$$N_O = I_{OL}/I_{IL}$$

N_O 的大小主要受控于输出低电平时输出端允许灌入的最大负载电流 I_{OL}。V_{OL} 随负载电流增加而上升。当 V_{OL} 上升到 $V_{OL(max)}$ 时，此时的输出电流 I_{OL} 就是该电路允许的最大负载电流。式中的 I_{IL} 应该是同类门允许的最大输入电流值。

6）平均传输延迟时间 t_{pd}

传输延迟时间是指输入波形边沿的 $0.5V_m$ 点至输出波形对应边沿的 $0.5V_m$ 点之间的时间间隔。

实验使用的各种与非门的特性参数规范参见表 1-1-1。表中提供的参数规范值是在一定的测试条件下获得的，仅供实验时参照。表中使用的'000，'004、'020 是 CT 系列数字尾数，表示品种代号。表中，流进器件内部的电流值取正值，流出器件的电流值取负值。

表 1-1-1　000、004、020 和 T065、T082、T063 特性参数规范

参　数　名　称	符号	单位	CT1000 系列		CT4000 系列		74LS000 系列	
高电平输出电源电流	I_{CCH}	mA	000	≤8	000	≤1.6	74LS065	≤14
			004	≤12	004	≤2.4	74LS082	≤21
			020	≤4	020	≤0.8	74LS063	≤7
低电平输出电源电流	I_{CCL}	mA	000	≤22	000	≤4.4	74LS065	≤28
			004	≤33	004	≤6.6	74LS082	≤42
			020	≤11	020	≤2.2	74LS063	≤14
高电平输入电流	I_{IH}	μA	≤40		≤20		≤50	
低电平输入电流	I_{IL}	mA	≤|−1.6|		≤|−0.4|		≤|−1.6|	
高电平输出电流	I_{OH}	μA	≤|−400|		≤|−400|		≤|−400|	
低电平输出电流	I_{OL}	mA	≥16		≥8		≥12.8	
输出高电平电压	V_{OH}	V	≥2.4		≥2.4		≥2.4	
输出低电平电压	V_{OL}	V	≤0.4		≤0.4		≥0.4	
平均延迟时间	t_{pd}	ns	≤18.5		≤15		≤20(40)	

2．集电极开路门（Open Collector，又称 OC 门）

集电极开路与非门的电路图与逻辑符号如图 1-1-2 所示。其输出管 VT_4 的

集电极是悬空的，工作时需要通过外接负载电阻 R_L 接入电源 E_C（由于 E_C 与器件电源 V_{CC} 分开，所以可以任意选择其电压值，但不可超过器件 VT_4 规定的耐压值）。

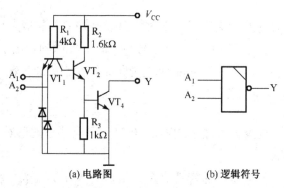

(a) 电路图　　　　　　　(b) 逻辑符号

图 1-1-2　集电极开路与非门

由两个与非门（OC）输出端相连组成的电路如图 1-1-3 所示，即把两个与非门的输出相与（称为线与），完成与或非的逻辑功能。

它们的输出为

$$Y=Y_A Y_B = \overline{A_1 A_2 B_1 B_2} = \overline{A_1 A_2 + B_1 B_2}$$

如果由 n 个 OC 门线与驱动 N 个 TTL 与非门，则负载电阻 R 可以根据线与的与非门（OC）数目 n 和负载门的数目 N 进行选择。

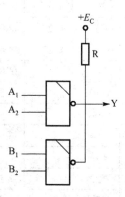

图 1-1-3　OC 门的线与应用

为保证输出电平符合逻辑要求，R_L 的数值选择范围为

$$R_{L\max} = \frac{E_C - V_{OH}}{n I_{CEX} + N' I_{IH}} \qquad R_{L\min} = \frac{E_C - V_{OL}}{I_{LM} - N I_{IL}}$$

式中 I_{CEX}——OC 门输出管的截止漏电流（约 50μA）；

　　　I_{LM}——OC 门输出管允许的最大负载电流（约 20mA）；

　　　I_{IL}——负载门的低电平输入电流（≤1.6mA）；

　　　I_{IH}——负载门的高电平输入电流（≤50μA）；

　　　E_C——负载电阻所接的电源电压；

　　　n——线与输出的 OC 门的个数；

　　　N——负载门的个数；

　　　N'——接入电路的负载门输入端总个数。

　　负载电阻 R_L 值的大小会影响输出波形的边沿时间，在工作速度较高时，R_L 的取值应接近 $R_{L\,min}$。

　　由于集电极开路门具有上述特性，因而获得了广泛的应用。例如：

　　（1）利用电路的线与特性方便地完成某些特定的逻辑功能；

　　（2）实现多路信息采集，使两路以上的信息共用一个传输通道（总线）；

　　（3）实现逻辑电平的转换，如用 TTL（OC）门驱动 CMOS 电路的电平转换。

3．三态门（Tristate，又称 3S 门）

　　三态门除了通常的高电平和低电平两种输出状态外，还有第三种输出状态——高阻态。处于高阻态时，电路与负载之间相当于开路。如图 1-1-4 所示为三态门的逻辑符号，它有一个控制端（又称使能端）$\overline{E}$。$\overline{E}=0$ 为正常工作状态，实现 Y=A 的功能；$\overline{E}=1$ 为禁止工作状态，Y 输出呈现高阻状态。这种在控制端加 0 信号时电路才能正常工作的工作方式称为低电平使能。

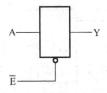

图 1-1-4　三态门逻辑符号

　　三态电路的主要用途之一是实现总线传输，即用一个传输通道，以选通方式传送多路信息，如图 1-1-5 所示。使用时，要求只有需要传输信息的那个三态门的控制端处于使能状态（$\overline{E}=0$），其余各门皆处于禁止状态（$\overline{E}=1$）。显然，若同时有两个或两个以上三态门的控制端处于使能状态，会出现与普通 TTL 门线与同样的问题，因而是绝对不允许的。

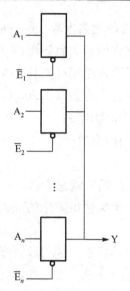

图 1-1-5　总线应用电路图

【实验预习】

（1）阅读并掌握 TTL 集成门的参数及测试方法，了解实验箱的正确使用方法。

（2）在附录 A 中查阅 74LS020（T4020 或 T063）器件引出端排列图。

（3）预习思考题：

① 怎样用 4 输入与非门实现 2 输入与非功能（即 $Y = \overline{AB}$）？（4 输入与非门的逻辑符号如图 1-1-6 所示。）

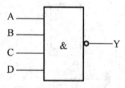

图 1-1-6　4 输入与非门的逻辑符号

② 怎样用 4 输入与非门实现 8 输入与非功能（即 $Y = \overline{ABCDEFGH}$）？

③ TTL 集成电路使用的电源电压是多少伏？使用时，如何判断器件的正方向？一旦方向反了，将会出现什么现象（以实验使用的 74LS1020 为例说明）？

④ 为什么说 TTL 与非门输入端悬空相当于逻辑 1 电平？

⑤ 分别说明 TTL 与非门、或非门、与或非门不使用输入端时应如何处置。

⑥ 两个普通 TTL 与非门的输出端是否可以直接连接在一起使用？为什么？

【实验任务】

（1）测量与非门（74LS020）的输入/输出逻辑关系，将结果填入表 1-1-2 中。

表 1-1-2 4 输入与非门的逻辑关系

A	B	C	D	Y
0	0	0	0	
0	0	0	1	
0	0	1	0	
0	0	1	1	
0	1	0	0	
0	1	0	1	
0	1	1	0	
0	1	1	1	
1	0	0	0	
1	0	0	1	
1	0	1	0	
1	0	1	1	
1	1	0	0	
1	1	0	1	
1	1	1	0	
1	1	1	1	

逻辑门及其组成电路的静态逻辑功能测试，就是测试电路的真值表。电路的各输入端由数据开关提供 0 与 1 信号；在输出端，用发光二极管组成的逻辑指示器显示。按真值表逐行进行。由测得的真值表可以画出电路各输入/输出端的工作波形图。

（2）测量图 1-1-7 所示各电路的逻辑功能，并根据测试结果，写出它们的真值表及逻辑表达式。

（3）测量图 1-1-3 所示 OC 门的线与逻辑关系。

（4）使用 74LS125 实现如图 1-1-8 所示的 1 位双向传输总线并验证该电路功能。

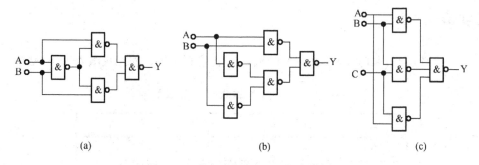

(a)　　　　　　　　　　(b)　　　　　　　　　　(c)

图 1-1-7　【实验任务（2）】电路图

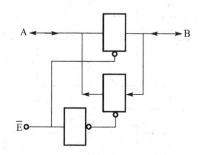

图 1-1-8　1 位双向传输总线

【实验设备与器材】

（1）脉冲示波器（TDS2002 型）　　　　　　　1 台

（2）直流稳压电源（EM1716 型）　　　　　　　1 台

（3）数字电路实验箱（TPE-D6）　　　　　　　1 台

（4）万用电表及工具　　　　　　　　　　　　1 套

（5）主要器材：

① 74LS020　　　　　　　　　　　　　　　3 只

② 电位器（1kΩ）　　　　　　　　　　　　1 只

③ 150Ω、1kΩ 电阻　　　　　　　　　　　各 1 只

④ 74LS000、74LS125、74LS03　　　　　　各 1 只

【实验报告要求】

（1）测试各项参数必须附有测试电路图，记录测试数据，并对结果进行分析。

（2）静态传输特性曲线必须画在方格坐标纸上，并贴在相应内容中，从曲线中读得所要求的数值。

（3）设计性任务应有设计过程和设计逻辑图，记录实际检测的结果，并进行分析。

【思考题】

（1）测量扇出系数 N_O 的原理是什么？为什么计算中只考虑输出低电平时的负载电流值，而不考虑输出高电平时的负载电流值？

（2）使用一只异或门实现非逻辑，电路将如何连接？

（3）使用最少数量的与非门，设计一个比较电路，能比较两个 1 位二进制数。当比较结果处于 ＜、=或＞ 时，分别由不同的输出端输出，检测所设计电路的逻辑功能。

（4）讨论 TTL 与非门不使用输入端的各种处置方法的优缺点。

（5）用集电极开路与非门实现异或逻辑。

① 选用 74LS003 设计电路（允许输入信号同时提供原变量和反变量）。

② 计算该电路的外接负载电阻 $R_{L\,max}$ 和 $R_{L\,min}$ 值。

③ 取其中适当的标称值作为负载电阻，连接电路，测试该电路的逻辑功能。

（6）用普通万用表怎样判断三态电路处于输出高阻态？

实验 1.2　用 SSI 设计组合电路并观察其冒险现象

【实验目的】

（1）掌握用 SSI 设计组合电路及其控制方法。
（2）观察组合电路的冒险现象。

【实验原理】

1. 设计组合电路的过程

使用小规模集成电路（SSI）进行组合电路设计的一般过程：
（1）根据任务要求列出真值表；
（2）通过化简得出最简逻辑函数表达式；
（3）选择标准器件实现此逻辑函数。

逻辑化简是组合逻辑设计的关键步骤之一，为了使电路结构简单和使用器件较少，往往要求逻辑表达式尽可能简化。由于实际使用时要考虑电路的工作速度和稳定可靠等因素，在较复杂的电路中，还要求逻辑清晰易懂，所以最简设计不一定是最佳的。但一般说来，在保证速度、稳定可靠与逻辑清楚的前提下，尽量使用最少的器件以降低成本，是逻辑设计者的任务。

2. 竞争冒险现象

组合逻辑设计过程通常是在理想情况下进行的，即假定一切器件均没有延迟效应。但是实际上并非如此，信号通过任何导线或器件都需要一个响应时间。例如，一般中速 TTL 与非门的延迟时间为 10～20ns。而且由于制造工艺上的原因，各器件的延迟时间离散性很大，按照理想情况设计的逻辑电路往往在实际工作中有可能产生错误输出。一个组合电路在它的输入信号变化时，输出出现瞬时错误的现象称为组合电路的冒险现象。

组合电路的冒险现象有两种：一种称为函数冒险（即功能冒险），另一种称为逻辑冒险。当电路有两个或两个以上变量同时发生变化时，变化过程中必然要经过一个或数个中间状态，如果这些中间状态的函数值与起始状态和终止状态的函数值不同，就会出现瞬时的错误信号。由于这种原因造成的冒险称为函数冒险，显然这种冒险是函数本身固有的。而逻辑冒险是指在一个输入变量发生变化时，由于各传输通路的延迟时间不同导致输出出现瞬时错误。

本实验着重对逻辑冒险中的静态 0 型冒险进行研究。组合电路的静态 0 型冒险是指在输出恒等于 1 的情况下，出现瞬时 0 输出的错误现象。分析和判断一个逻辑函数在其中一个输入变量（例如，设变量为 A）发生变化时，电路是否可能出现冒险现象，冒险现象的脉冲宽度是多少；如何利用改变逻辑函数的结构（例如，增加校正项，即逻辑化简时的冗余项）来消除冒险现象等，通常可以使用下述方法。

（1）对于函数的与或表达式，可以通过对除变量 A 以外的其他变量逐个进行赋值来获取。若表达式出现 $F = A + \overline{A}$ 时，则表示电路在变量 A 发生变化时可能存在 0 型冒险。为了消除此冒险，可以增加校正项，该校正项就是被赋值各变量的乘积项。

（2）对于函数的卡诺图，分析发现若有两个被圈项的圈相切，相切部分之间相应的变量发生变化时，函数可能存在冒险现象。消除该冒险现象的方法是增加圈项，把其两个相切部分圈在一起的圈项。

（3）由与非门组成的逻辑图中，若变量 A 通过两条传输路径（分别经过的门数量差为奇数）后，驱动同一个门电路，若在给其他各变量赋一定的值后，使这两条路径是畅通的，则 A 变量发生变化时，可能会出现冒险现象。假定每个门的平均传输延迟时间均为 t_{pd}，那么两条路径经过门的数量差就是冒险现象脉冲的可能宽度。显然，被赋值的各变量乘积项就是消除该冒险现象时应增加的校正项。

增加校正项可以用来消除电路的逻辑冒险现象。此外根据不同情况还可以采取下述方法来消除各种冒险现象（由于组合电路的冒险现象是在输入信号变化过程中发生的，因此可以设法避开这一时间段，待电路稳定后再让电路正常输出）：

①　在存在冒险现象的与非门的输入端引进封锁负脉冲。当输入信号变化时，将该门封锁（使门的输出为 1）。

②　在存在冒险现象的与非门的输入端引进选通正脉冲。选通脉冲不作用时，门的输出为 1；选通脉冲到来时，电路才有正常输出。显然，选通脉冲必须在电路稳定时才能出现。

③ 由于冒险现象中出现的干扰脉冲宽度一般很窄，所以可在门的输出端并接一只几百皮法的滤波电容加以消除。但这样做将导致输出波形的边沿变差，这种情况是不允许的。

组合电路的冒险现象是一个重要的实际问题。当设计出一个组合逻辑电路后，首先应进行静态测试，也就是按真值表依次改变输入变量，测得相应的输出逻辑值，验证其逻辑功能。然后进行动态测试，观察是否存在冒险现象。最后根据不同情况分别采取消除冒险现象的措施。

【实验预习】

（1）干扰信号波形如图 1-2-1 所示，这些干扰信号是否属于冒险现象？

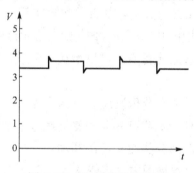

图 1-2-1　干扰信号波形图

（2）设每个门的平均传输延迟时间是 1 t_{pd}，试画出图 1-2-2 所示电路在输入 A 信号发生变化时，各点的工作波形。

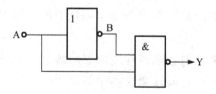

图 1-2-2　【实验预习（2）】电路图

【实验任务】

（1）设计一个保险箱的数字代码锁，该锁由规定的 4 位代码 A_1，A_2，A_3，A_4 的输入端和一个开箱钥匙孔信号 E 的输入端组成，锁的代码由实验者自编

（例如：1011）。当用钥匙开箱时（E = 1），如果输入代码符合规定代码，保险箱被打开（Z_1=1）；如果不符合规定代码，电路将发出报警信号（$Z_2 = 1$）。要求使用最少数量的与非门实现该电路，检测并记录实验结果。

提示：实验时锁被打开或报警可以分别使用两只发光二极管指示电路来显示示意。除不同代码需要使用的反相器外，最简设计仅需使用 5 只与非门。

电路设计可参考图 1-2-3 所示电路。

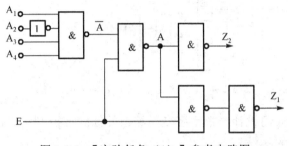

图 1-2-3 【实验任务（1）】参考电路图

（2）按表 1-2-1 设计一个逻辑电路。

表 1-2-1 【实验任务（2）】真值表

A	B	C	D	E	A	B	C	D	E
0	0	0	0	0	1	0	0	0	0
0	0	0	1	0	1	0	0	1	0
0	0	1	0	1	1	0	1	0	1
0	0	1	1	1	1	0	1	1	0
0	1	0	0	0	1	1	0	0	1
0	1	0	1	0	1	1	0	1	1
0	1	1	0	0	1	1	1	0	1
0	1	1	1	1	1	1	1	1	1

① 设计要求：输入信号仅提供原变量，要求用最少数量的 2 输入端与非门，画出逻辑图。

② 搭试电路进行静态测试，验证逻辑功能，并记录测试结果。

③ 分析输入端 B，C，D 各处于什么状态时能观察到输入端 A 信号变化时产生的冒险现象。

④ 在 A 端输入频率为 f = 100kHz～1MHz 的方波信号时，观察电路的冒险现象。

⑤ 电路设计可参考图 1-2-4 所示电路。

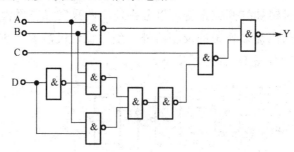

图 1-2-4 【实验任务（2）】参考电路图

（3）使用与非门设计一个十字交叉路口的红绿灯控制电路，检测所设计电路的功能，记录测试结果。

图 1-2-5 是交叉路口的示意图，图中 A，B 方向是主通道，C，D 方向是次通道，在 A，B，C，D 四道口附近各装有车辆传感器，当有车辆出现时，相应的传感器将输出信号 1，红绿灯点亮的规则如下所述。

① A，B 方向绿灯亮的条件：

● A，B，C，D 均无传感信号；

● A，B 均有传感信号；

● A 或 B 有传感信号，而 C 和 D 不是全有传感信号。

② C，D 方向灯亮的条件：

● C，D 均有传感信号，而 A 和 B 不是全有传感信号；

● C 或 D 有传感信号，而 A 和 B 均无传感信号。

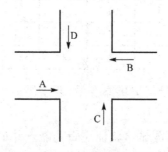

图 1-2-5 【实验任务（3）】示意图

电路设计可参考图 1-2-6 所示电路。

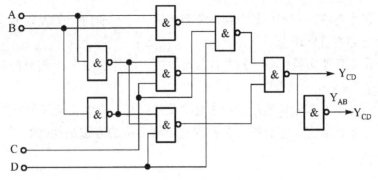

图 1-2-6　【实验任务（3）】参考电路图

【实验设备与器材】

（1）脉冲示波器（TDS2002 型）　　　　　1 台
（2）函数信号发生器（EM1642 型）　　　　1 台
（3）直流稳压电源（EM1716 型）　　　　　1 台
（4）数字电路实验箱（TPE-D6 型）　　　　1 台
（5）万用表及工具　　　　　　　　　　　1 套
（6）主要器材：
　　① 74LS000　　　　　　　　　　　　3 只
　　② 74LS020　　　　　　　　　　　　2 只

【实验报告要求】

（1）写出任务的设计过程（包括叙述有关设计技巧），画出设计电路图。
（2）记录检测结果，并进行分析。
（3）画出冒险现象的工作波形图，必须标出零电压坐标轴。

【思考题】

（1）分析【实验任务（2）】电路，当输入信号 B、C 或 D 单独发生变化时，电路是否存在逻辑冒险现象？

（2）若【实验任务（2）】中允许使用多输入端与非门，在 A 信号发生变化时，是否还存在冒险现象？

（3）在观察【实验任务（2）】冒险现象时，为什么要求 A 信号的频率尽可能高一些？

（4）TDS2002 型示波器能否用来观察脉宽仅有 1 t_{pd} 的冒险现象？为什么？

（5）什么是静态 1 型冒险？分析存在 1 型冒险的方法是什么？

实验 1.3 MSI 组合功能件的应用

【实验目的】

（1）掌握数据选择器、译码器和全加器等 MSI 的使用方法。
（2）熟悉 MSI 组合功能件的应用。

【实验原理】

中规模集成电路（MSI）是一种具有专门功能的集成功能件。常用的 MSI 组合功能件有译码器、编码器、数据选择器、数据比较器和全加器等。借助于器件手册提供的功能表，弄清器件各引出端（特别是各控制输入端）的功能与作用，就能正确地使用这些器件。在此基础上应该尽可能地开发这些器件的功能，扩大其应用范围。对于一个逻辑设计者来说，关键在于合理选用器件，灵活地使用器件的控制输入端，运用各种设计技巧，实现任务要求的电路功能。

在使用 MSI 组合功能件时，器件的各控制输入端必须按逻辑要求接入电路，不允许悬空。

1. 数据选择器

74LS153 是一个双 4 选 1 数据选择器，其逻辑符号如图 1-3-1 所示。其中 D_0，D_1，D_2，D_3 为 4 个数据输入端；Y 为输出端；$\overline{S}$ 是使能端，在 $\overline{S}=0$ 时使能，在 $\overline{S}=1$ 时 Y $= 0$；A_1，A_0 是器件中两个选择器公用的地址输入端。该器件的逻辑表达式为

$$Y = S(\overline{A_1 A_0}D_0 + \overline{A_1}A_0D_1 + A_1\overline{A_0}D_2 + A_1A_0D_3)$$

74LS153 功能表参见表 1-3-1。

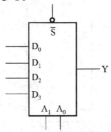

图 1-3-1　74LS153 逻辑符号

表 1-3-1　74LS153 功能表

控　制　输　入			输　　　出
A_1	A_0	$\bar{S}$	Y
×	×	1	0
0	0	0	D_0
0	1	0	D_1
1	0	0	D_2
1	1	0	D_3

　　数据选择器是一种通用性很强的功能件，它的功能很容易得到扩展。4 选 1 数据选择器经组合很容易实现 8 选 1 的选择器功能。

　　使用数据选择器进行电路设计的方法是合理地选用地址变量，通过对函数的运算，确定各数据输入端的输入方程。例如，使用 4 选 1 数据选择器实现全加器逻辑，或者利用 4 选 1 数据选择器实现有较多变量的函数。

　　下面介绍数据选择器的地址变量的一般选择方式。

　　（1）选用逻辑表达式各乘积项中出现次数最多的变量（包括原变量与反变量），以简化数据输入端的附加电路；

　　（2）选择一组具有一定物理意义的量。

2. 译码器

　　译码器可分为两大类，一类是通用译码器，另一类是显示译码器。

　　74LS138 是一个 3 线-8 线译码器。它是一种通用译码器，其逻辑符号如图 1-3-2 所示。其中，A_2，A_1，A_0 是地址输入端；Y_0，Y_1，…，Y_7 是译码输出端；S_1，S_2，S_3 是使能端，当 $S_1 = 1$，$\overline{S_2} + \overline{S_3} = 0$ 时，器件使能。

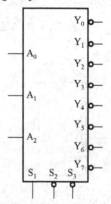

图 1-3-2　74LS138 逻辑符号

74LS138 功能表参见表 1-3-2。

表 1-3-2　　74LS138 功能表

输　　入					输　　出							
S_1	$\overline{S_2}+\overline{S_3}$	A_2	A_1	A_0	$\overline{Y_0}$	$\overline{Y_1}$	$\overline{Y_2}$	$\overline{Y_3}$	$\overline{Y_4}$	$\overline{Y_5}$	$\overline{Y_6}$	$\overline{Y_7}$
1	0	0	0	0	0	1	1	1	1	1	1	1
1	0	0	0	1	1	0	1	1	1	1	1	1
1	0	0	1	0	1	1	0	1	1	1	1	1
1	0	0	1	1	1	1	1	0	1	1	1	1
1	0	1	0	0	1	1	1	1	0	1	1	1
1	0	1	0	1	1	1	1	1	1	0	1	1
1	0	1	1	0	1	1	1	1	1	1	0	1
1	0	1	1	1	1	1	1	1	1	1	1	0
0	×	×	×	×	1	1	1	1	1	1	1	1
×	1	×	×	×	1	1	1	1	1	1	1	1

　　3 线-8 线译码器实际上也是一个负脉冲输出的脉冲分配器。若利用使能端中的一个输入端输入数据信息，器件就成为一个数据分配器。例如，若从 S_1 输入端输入数据信息，$\overline{S_2}=\overline{S_3}=0$，地址码所对应的输出是 S_1 数据信息的反码；若从 S_2 输入端输入数据信息，$S_1=1$，$\overline{S_3}=0$，地址码所对应的输出就是数据信息 $\overline{S_2}$。

　　译码器的每一路输出，实际上是地址码的一个最小项的反变量，利用其中一部分输出端输出的与非关系，也就是它们相应最小项的或逻辑表达式，能方便地实现逻辑函数。

　　与数据选择器一样，利用使能端能够方便地将两个 3 线-8 线译码器组合成一个 4 线-16 线的译码器。

3.　全加器

　　74LS183 是一个双进位保留全加器。其中 A_n 和 B_n 分别为被加数和加数的数据输入端；C_n 是低位向本位进位的进位输入端，F_n 是和数输出端；FC_{n+1} 是本位向高位进位的输出端。逻辑表达式为

$$F_n = A_n\overline{B_n C_n} + \overline{A_n}B_n\overline{C_n} + \overline{A_n B_n}C_n + A_nB_nC_n$$

$$FC_{n+1} = A_nB_n + A_nC_n + B_nC_n$$

74LS283 是一个 4 位二进制超前进位全加器，其逻辑符号如图 1-3-3 所示。其中 A_3，A_2，A_1，A_0 和 B_3，B_2，B_1，B_0 分别是被加数和加数（两组 4 位二进制数）的数据输入端；C_n 是低位器件向本器件最低位进位的进位输入端；F_3，F_2，F_1，F_0 是和数输入端；FC_{n+1} 是本器件最高位向高位器件进位的进位输出端。

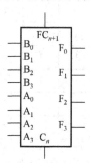

图 1-3-3　74LS283 逻辑符号

二进制全加器可以进行多位连接使用，也可组成全减器、补码器或实现其他逻辑功能等电路。

日常习惯于进行十进制的运算，利用 4 位二进制全加器可以设计组成进行 NBCD 码的加法运算。在进行运算时，若两个相加数的和小于或等于 1001，则 NBCD 的加法与 4 位二进制加法结果相同，但若两个相加数的和大于或等于 1001 时，由于 4 位二进制数是逢 16 进 1 的，而 NBCD 码是逢 10 进 1 的，它们的进位数相差 6，因此 NBCD 加法运算电路必须进行校正，应在电路中插入一个校正网络，使电路在和数小于或等于 1001 时，校正网络不起作用（或加一个 0000 数），在和数大于或等于 1001 时，校正网络使此和数再加上一个 0110 数，从而达到实现 NBCD 码的加法运算的目的。

利用两个 4 位二进制全加器可以组成一个 1 位 NBCD 码全加器，该全加器应有进位输入端和进位输出端，电路由读者自行设计。

【实验预习】

（1）什么是异或门、半加器和全加器？用两个异或门和少量与非门组成 1 位全加器，画出其电路图。

（2）利用 74LS153 设计一个 1 位二进制全减器，画出其电路连线图。

（3）利用一个 3 线-8 线译码器和与非门，实现一个三变量逻辑表达式：

$$Y = AB\overline{C} + A\overline{B}C + \overline{A}BC + ABC$$

【实验任务】

（1）测试 74LS153（数据选择器）的基本功能，将测得结果与表 1-3-1 进行比较分析。

（2）测试 74LS138（3 线-8 线译码器）的基本功能，将测得结果与表 1-3-2 进行比较分析。

（3）测试 74LS283（4 位二进制全加器）的逻辑功能，并将测得数据填入表 1-3-3。

表 1-3-3 【实验任务（3）】

A_n		B_n		C_n	F_n	FC_{n+1}
0001	+	0001	+	1		
0111	+	0111	+	1		
1001	+	1001	+	0		
1111	+	1111	+	0		
1111	+	1111	+	1		

（4）使用 74LS153 数据选择器设计一个 1 位全加器，写出设计过程，并测试电路逻辑功能。

电路设计可参考图 1-3-4 所示电路。

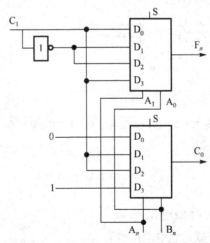

图 1-3-4 【实验任务（4）】参考电路

（5）使用一个 3 线-8 线译码器和与非门设计一个 1 位二进制全减器，画出设计逻辑图，检测并记录电路功能。

电路设计可参考如图 1-3-5 所示电路。

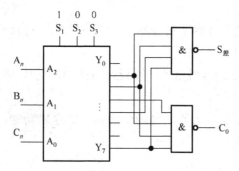

图 1-3-5 【实验任务（5）】参考电路图

（6）利用一个双 4 选 1 数据选择器和一个 2 输入端四与非门，设计一个具有 8 选 1 数据选择器功能的电路。

电路设计可参考图 1-3-6 所示电路。

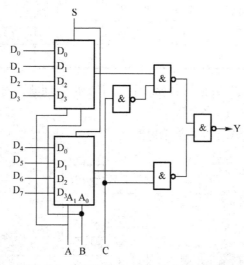

图 1-3-6 【实验任务（6）】参考电路图

【实验设备与器材】

（1）直流稳压电源（EM1716 型）   1 台

（2）数字电路实验箱（TPE-D6 型）   1 台

（3）万用表及工具　　　　　　　　　　　　　　　　1 套
（4）主要器材：
　　① 74LS153　　　　　　　　　　　　　　　　　　1 只
　　② 74LS138　　　　　　　　　　　　　　　　　　1 只
　　③ 74LS283　　　　　　　　　　　　　　　　　　1 只
　　④ 74LS00　　　　　　　　　　　　　　　　　　　1 只
　　⑤ 74LS20　　　　　　　　　　　　　　　　　　　1 只

【实验报告要求】

　　每个实验任务必须列出真值表，画出逻辑电路图，附有实验记录，并对结果进行分析。

【思考题】

　　（1）利用两个 3 线-8 线译码器，构成一个 4 线-16 线译码器。
　　（2）利用 4 位二进制全加器，实现 NBCD 码与余 3 码之间的变换。
　　（3）设计一个 4 位二进制加法/减法电路，输出用原码表示，运算结果应有符号位指示数字的正、负值。

实验 1.4　集成触发器和利用 SSI 设计同步时序电路

【实验目的】

（1）掌握集成触发器的使用方法和逻辑功能的测试方法。
（2）掌握用 SSI 设计同步时序电路及其检测方法。

【实验原理】

1. 触发器

触发器是具有记忆功能的二进制信息存储器件，是时序逻辑电路的基本器件之一。

1）基本 RS 触发器

基本 RS 触发器是由两个与非门交叉耦合而成的，是 TTL 触发器的最基本组成部分，如图 1-4-1 所示，它能够存储 1 位二进制信息，但存在 $\overline{R} + \overline{S} = 1$ 的约束条件。

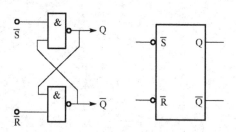

图 1-4-1　基本 RS 触发器的组成和逻辑符号图

基本 RS 触发器的用途之一是用作无抖动开关。如图 1-4-2(a)所示，希望在开关 S 闭合时 A 点电压的变化是从+5V 到 0V 的清楚跃迁，但是由于机械开关的接触抖动，往往在几十毫秒内电压会出现多次抖动，相当于连续出现了几个脉冲信号。显然，用这样的开关产生的信号直接作为电路的驱动信号可能导致电路产生错误动作，这在有些情况下是不允许的。为了消除开关的接触抖动，可在机械开关与驱动电路之间接入一个基本 RS 触发器（如图 1-4-3 所示），使开关每扳动一次，A 点输出信号仅发生一次变化。通常把存在抖动的开关称为数据开关，把这种带 RS 触发器的无抖动开关称为逻辑开关。

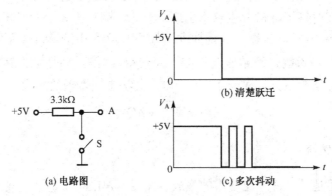

图 1-4-2　机械开关接触抖动

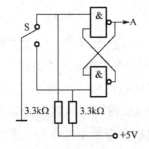

图 1-4-3　无抖动开关电路

2）JK 触发器

JK 触发器是一种逻辑功能完善、使用灵活和通用性较强的集成触发器，在结构上可分为两类：一类是主从结构触发器，另一类是边沿触发器。它们的逻辑符号如图 1-4-4 所示。

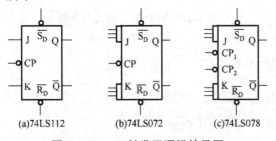

图 1-4-4　JK 触发器逻辑符号图

触发器有三种输入端：第一种是直接置位复位端，用 S_D 或 R_D 表示，在 $\overline{S_D} = 0$（或 $\overline{R_D} = 0$）时，触发器将不受其他输入端所处状态影响，使触发器直接置 1（或置 0）。第二种是时钟输入端，用来控制触发器发生状态更新，用 CP 表示（在国家标准符号中称作控制输入端，用 C 表示）。若逻辑符号相应位置有小圈，表示触发器在时钟下降沿发生状态更新；若无小圈，则表示触发器在时钟的上升沿发生状态更新（原机械工业部标准符号 74LS078 JK 触发器，含有 CP_1 和 CP_2 两个时钟脉冲输入端，通常应连接在一起使用）。第三种是数据输入端，它是触发器状态更新的依据，对于 JK 触发器，其状态逻辑表达式为

$$Q^{n+1} = J\overline{Q^n} + \overline{K}Q^n$$

3）D 触发器

D 触发器是另一种广泛使用的集成触发器，74LS074 是一个双上升沿 D 触发器，逻辑符号如图 1-4-5 所示。

$$Q^{n+1} = D$$

不同类型触发器对时钟信号和数据信号的要求各不相同。一般来说，边沿触发器要求数据信号超前于触发边沿一段时间出现（称为建立时间），并且要求在边沿到来后再继续维持一段时间（称为保持时间）。对于触发边沿也有一定要求，如通常要求小于 100ns 等。主从触发器对上述时间参数要求不高，但要求在 CP = 1 期间，外加的数据信号不允许发生变化，否则会出现工作不可靠现象。

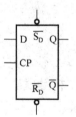

图 1-4-5　D 触发器逻辑符号图

2. 触发器的应用和设计

触发器的应用范围很广，如图 1-4-6 所示为实际应用的例子，它是同步模五加法计数器的逻辑图和工作波形图。

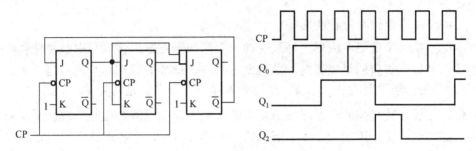

图 1-4-6 模五加法计数器

如图 1-4-7 所示为同步时序电路的设计流程图。其中主要有 4 个步骤，即：确定状态转换图或状态转换表、状态化简、状态分配、确定触发器控制输入方程。所以，这种方法又称四步法。

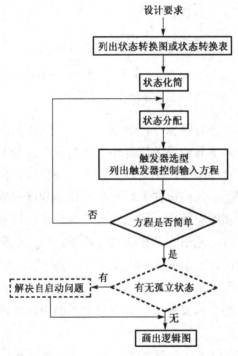

图 1-4-7 同步时序电路的设计流程图

根据设计要求写出状态说明，列出状态转换图或状态转换表，这是整个逻辑设计中最困难的一步，设计者必须对所要解决的问题进行较深入的理解，并运用一定的实际经验和技巧，才能描述出一个比较完整且比较简单的状态转换图。

对于所设计的逻辑电路图，必须进行实验检测，只有实际电路符合设计要求时，才能证明设计是正确的。

同步时序电路在设计和实验中的注意事项：

（1）在一个电路中应尽可能选用同一类型的触发器，若电路中必须使用两种或两种以上类型的触发器时，各触发器对时钟脉冲的要求与响应应当一致。

（2）由于触发器的 R_D、S_D 和 CP 等输入端的输入电流是同类输入电流的 2～4 倍，在设计较复杂的电路时，必须考虑它们的前级电路对这些负载的驱动能力。必要时，可采用如图 1-4-8 所示的分支连接方法，在各支路中同时插入驱动门，既能扩大驱动电流，又可使各负载上获得信号的相对时间偏移较少。

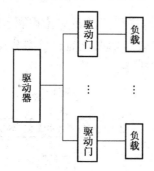

图 1-4-8　提高驱动能力的连接方法

（3）同步时序电路是在时钟脉冲控制下动作的，电路的所有输入信号（包括外加的各种非同步输入信号或是前级同步电路的输出信号）在时钟脉冲作用期间均应保持不变。通常，同步时序电路的输入与输出就是指在时钟作用期间的即时输入 X_n 和即时输出 Z_n，而在无时钟脉冲作用的任何期间内的输入与输出均不能称为即时输入和即时输出。然而在实际电路中，只要电路所处状态及有关输入满足输出条件时，无论它是否在时钟作用期间，电路都有输出，但这时的输出并不是即时输出。为了获得即时输出的正确指示，应采取适当的措施。对于在时钟脉冲下降沿动作的同步时序电路，可以认定时钟正脉冲（CP = 1）时作为时钟作用期间，那么只要使 CP 信号与上述的电路输出相与，就能得到即时输出的正确指示。

（4）在设计的电路中包含 n 个触发器，那么电路就可能有 2^n 个状态。若电路实际使用状态数少于 2^n 个，那么必须对所有未使用状态（或称多余状态）逐个进行检查。观察电路一旦进入其中任一个使用状态后，是否能经过若干个时钟脉冲返回到使用状态。如果不能，说明电路存在孤立状态，必须采取措施加以消除，以保证电路具有自启动能力。检查的方法是利用各级触发器的 S_D 和 R_D 段，把电路置于被检查的未使用状态，观察电路在时钟脉冲作用下状态转换的情况。

（5）电路的逻辑功能测试具有静态和动态两种方法。

① 静态测试就是测试电路的状态转换真值表。测试时，时钟脉冲由逻辑开关提供，用发光二极管指示电路输出。

② 动态测试是指在时钟输入端输入一个方波信号，用二踪示波器观察电路各级的工作波形。在每次观察时应选用合适的信号从示波器的内触发信号的通道输入，并记录电路的工作波形。

【实验预习】

（1）为什么集成触发器的直接置位、复位端不允许出现 $\overline{S} + \overline{R} = 0$ 的情况？

（2）利用普通机械开关组成的数据开关产生的信号是否能用作触发器的时钟脉冲信号？为什么？是否可用作触发器的其他输入端信号？又是为什么？

（3）什么是同步时序电路的即时输入和即时输出？

（4）一个 8421 码的十进制同步加法计数器，它的进位输出信号在第几个时钟脉冲作用后出现 $Z_n = 1$？在第 10 个时钟脉冲到来后，$Z_n = $？

【实验任务】

（1）基本 RS 触发器（74LS112 或 74LS078）的功能测试。

按表 1-4-1 要求，改变 $\overline{S_D}$ 和 $\overline{R_D}$，观察并记录 Q 与 $\overline{Q}$ 的状态。

表 1-4-1　RS 触发器功能测试

$\overline{S_D}$	$\overline{R_D}$	Q	$\overline{Q}$
1	1		
1	1→0		
1	0→1		
1→0	1		
0→1	1		
1→0	1→0		
1→0	1→0		
0→1	0→1		

简要回答以下问题：

① 触发器在实现 J-K 触发器功能的正常工作状态时，$\overline{S_D}$ 和 $\overline{R_D}$ 应处于什么状态？

② 欲使触发器状态 Q = 0，对直接置位、复位端应如何操作？

（2）JK 触发器（74LS112 或 74LS078）的功能测试。

① 按表 1-4-2 要求，测试并记录触发器的逻辑功能（表中 CP：0→1 和 1→0 表示一个时钟正脉冲的上升边沿和下降边沿，应由逻辑开关供给）。

② 使触发器处于计数状态（J = K = 1），CP 端输入 f = 100kHz 的方波信号，记录 CP、Q 和 $\overline{Q}$ 的工作波形。

根据波形回答以下问题：

① Q 状态更新发生在 CP 的哪个边沿？

② Q 与 CP 两信号的周期有何关系？

③ Q 与 $\overline{Q}$ 的关系如何？

表 1-4-2 JK 触发器功能测试

J	K	CP	Q_{n+1}	
			$Q_n = 0$	$Q_n = 1$
0	0	0→1		
		1→0		
0	1	0→1		
		1→0		
1	0	0→1		
		1→0		
1	1	0→1		
		1→0		

（3）D 触发器（74LS474 或 74LS076）的功能测试。

① 按表 1-4-3 要求测试并记录发生的逻辑功能。

② 使触发器处于计数状态（$\overline{Q}$ 与 D 相连接），CP 端输入 f = 100kHz 的方波信号，记录 CP、Q、$\overline{Q}$ 的工作波形。

（4）使用 JK 触发器设计一个二进码五进制的同步减法计数器。

① 写出设计过程，并画出逻辑图。

② 测试并记录电路的状态转换真值表（包括非使用状态）。

表 1-4-3　D 触发器功能测试

D	CP	Q_{n+1}	
		$Q_n=0$	$Q_n=0$
0	$0 \to 1$		
	$1 \to 0$		
1	$0 \to 1$		
	$1 \to 0$		

③ 观察并记录时钟脉冲和各级触发器输出的工作波形（由于输出波形的不对称性，应特别注意测试方法，正确观察它们的时间关系）。

④ 二进码五进制同步减法计数器参考电路如图 1-4-9 所示。

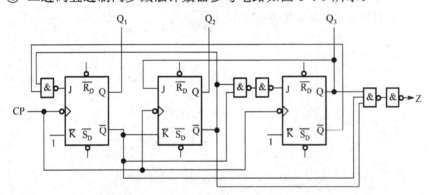

图 1-4-9　【实验任务（4）】参考电路图

【实验设备与器材】

（1）脉冲示波器（TDS2002 型）　　　　　　　　　　1 台
（2）数字信号发生器（EM1642 型）　　　　　　　　 1 台
（3）直流稳压电源（EM1716 型）　　　　　　　　　 1 台
（4）数字电路实验箱（TPE-D6 型）　　　　　　　　 1 台
（5）万用表及工具　　　　　　　　　　　　　　　　1 套
（6）主要器材：
　　① 74LS112　　　　　　　　　　　　　　　　　2 只
　　② 74LS020　　　　　　　　　　　　　　　　　1 只
　　③ 74LS000　　　　　　　　　　　　　　　　　1 只

【实验报告要求】

（1）按任务要求记录实验数据，并回答提出的问题。

（2）写出任务的设计过程，并画出逻辑图。

（3）数据记录力求表格化。波形图必须画在方格坐标纸上。

【思考题】

（1）使用函数发生器的频率计的计数功能。测试数据开关和逻辑开关每往返拨动一次输出的脉冲个数。

（2）使用 74LS074D 触发器【实现任务（4）】的要求。

（3）检测图 1-4-6 所示电路的功能。

实验 1.5 MSI 时序功能件的应用

【实验目的】

（1）掌握集成计数器和双向移位寄存器的使用方法。

（2）熟悉 MSI 时序功能件的应用。

（3）熟悉显示译码器和数码管的使用方法。

【实验原理】

中规模集成电路（MSI）时序功能件常用的有计数器和移位寄存器等，借助于器件手册提供的功能表和工作波形图，就能正确地使用这些器件。对于一个逻辑设计者来说，关键在于合理地选用器件，灵活地使用器件的各控制输入端，运用各种设计技巧，完成任务要求的功能。在使用 MSI 器件时，各控制输入端必须按照逻辑要求接入电路，不允许悬空。

1. 计数器

集成计数器种类很多，常用的计数器性能参见表 1-5-1。

表 1-5-1　常用计数器性能

器件名称	型号	相近型号	计数脉冲边沿	清除	置数
二-五-十进制异步计数器	74LS290	210	↓	直接	直接置 0
十进制可预置同步计数器	74LS160	T216	↑	直接	同步
4 位二进制可预置同步计数器	74LS161	T214	↑		
十进制可预置同步加/减计数器	74LS190	—	↑	—	直接
4 位二进制可预置同步加减计数器	74LS191	—			
十进制可预置同步加/减计数器（双时钟）	74LS192	T217	↑ 双时钟，不使用时时钟端置 1	直接	直接
4 位二进制可预置同步加/减计数器（双时钟）	74LS193	T215			

注：74LS210 与 74LS290 引出端排列不同。

1）二-五-十进制异步计数器

74LS290 是二-五-十进制异步计数器，它的逻辑符号如图 1-5-1 所示，74LS290 功能表参见表 1-5-2。

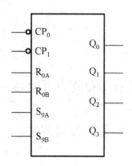

图 1-5-1　74LS290 逻辑符号

表 1-5-2　74LS290 功能表

$S_9 = S_{9A} \times S_{9B}$	$R_0 = R_{0A} \times R_{0B}$	CP	Q_3	Q_2	Q_1	Q_0
1	0	×	0	0	0	0
×	1	×	1	0	0	1
0	0	↓	计数			

其中：S_{9A}，S_{9B} 是直接置 9 端，$S_{9A} \times S_{9B} = 1$ 时，计数器输出 $Q_3 Q_2 Q_1 Q_0$ 为 1001；R_{0A}，R_{0B} 是直接置 0 端，在 $R_0 = R_{0A} \times R_{0B} = 1$ 和 $R_9 = 0$ 时，计数器置 0。

整个计数器由两部分组成，第一部分是 1 位二进制计数器，CP_0 和 Q_0 是它的计数输入端和输出端；第二部分是一个五进制计数器，CP_1 是它的计数输入端，Q_3，Q_2，Q_1 是输出端。如果将 Q_0 与 CP_1 相连接，计数脉冲从 CP_0 输入，即成为 NBCD 码计数器，计数器的输出码是 $Q_3 Q_2 Q_1 Q_0$；将 Q_3 与 CP_0 相连接，计数脉冲从 CP_1 输入，便成为 5421 码十进制计数器，它的输出码序是 $Q_0 Q_3 Q_2 Q_1$。

2）十进制可预置同步加/减计数器

74LS190 是一个十进制可预置同步加/减计数器（74LS190 是一个 4 位二进制可预置同步加/减计数器），它的逻辑符号如图 1-5-2(a)所示，工作波形如图 1-5-2(b)所示。74LS190 与 74LS191 仅计数模式不同，它们的使用方法和引出端排列图完全相同，工作波形也相似。

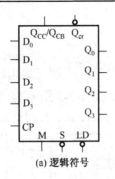

(a) 逻辑符号

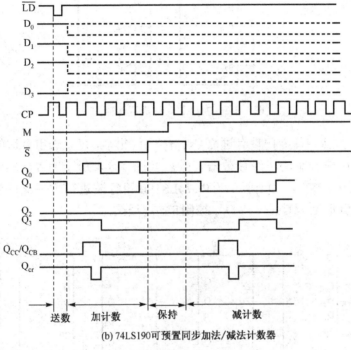

(b) 74LS190可预置同步加法/减法计数器

图 1-5-2

其中：CP 是计数输入端；S 是使能端，$\overline{S}=1$ 时为保持状态，$\overline{S}=0$ 时为计数状态；M 是加/减工作方式控制端，M = 0 时为加计数，　M = 1 时为减计数；S 端或 M 端必须在 CP = 1 时才允许改变状态，否则会影响计数器正常计数；$D_0D_1D_2D_3$ 是预置数的输入端；LD 是直接置入端，$\overline{LD}=1$ 时为计数状态，$\overline{LD}=0$ 时为置数状态，在置数状态时把 $D_0D_1D_2D_3$ 的数据直接置入 $Q_3Q_2Q_1Q_0$；Q_{CC}/Q_{CB} 是进位/借位输出端，输出为正脉冲，宽度与计数脉冲的周期相同；Q_{CR} 是进位时钟脉冲输出端，输出为负脉冲，它与计数脉冲的负脉冲同步等宽。

3）计数器级联

异步计数器一般设有专门的进位信号输出端，通常可用本级的高位输出信号驱动下一级计数器计数。如图 1-5-3 所示为 74LS290 的级联连接图。

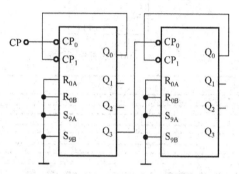

图 1-5-3　74LS290 的级联连接图

同步计数器往往专门设有进位（或借位）输出端，可以选用合适的进位（或借位）。输出信号驱动下级计数器计数。如图 1-5-4 所示为 74LS190 的级联连接图。其中：图 1-5-4(a)所示为由 74LS190 用行波进位方法级联的连接图；图 1-5-4(b)所示为 74LS190 用 $\overline{Q_{CR}}$ 控制 $\bar{S}$ 的连线图。

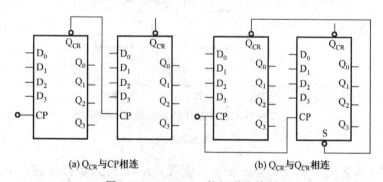

(a) Q_{CR} 与CP相连　　　　　　　　(b) Q_{CR} 与 $\overline{Q_{CR}}$ 相连

图 1-5-4　74LS190 的级联连接图

4）实现任意进制的计数器

计数器利用输出信号对输入端的不同反馈（有时需要附加少量的门电路），可以实现器件最大计数进制以内的任意进制的计数器。如图 1-5-5(a)所示为由 74LS290 构成的一个二进制的八进制计数器；如图 1-5-5(b)所示为由 74LS190 构成的一个二进制码的十一进制加法计数器；如图 1-5-5(c)所示为由 3 块

74LS190 构成的一个 NBCD 码的 241 进制加法计数器。由此可见，当使用多个（3 个以上）计数器构成较大进制计数器时，为了克服器件速度的离散性，保证在反馈置 0 信号作用下计数器可靠置 0，可在反馈网络中接入一个由与非门构成的延迟电路来实现。

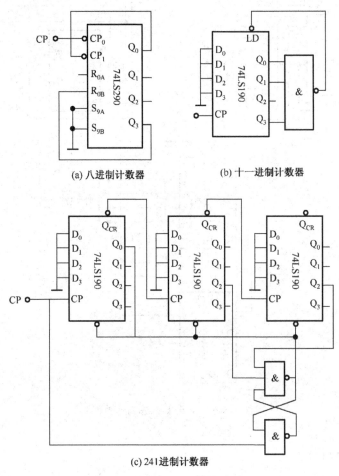

(a) 八进制计数器   (b) 十一进制计数器

(c) 241 进制计数器

图 1-5-5   各种进制计数器

5) 实现特殊要求的计数器

在某些装置中，有时对计数电路有各种特殊要求，应根据要求进行专门设计。例如，在以 12 小时为计数周期的数字时钟中，要求时位的计数序列为 1，2，…，11，12，1，…，即必须使用特殊十二进制计数器，如图 1-5-6 所示，提供了使用 74LS290 和 74LS190 实现十二进制计数功能的几种参考电路图。

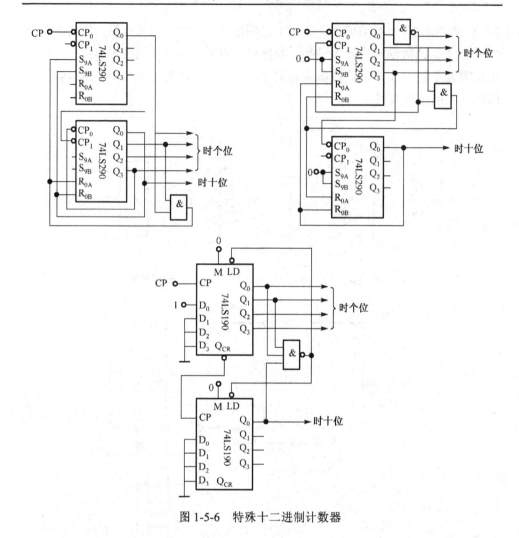

图 1-5-6　特殊十二进制计数器

6）其他应用

计数器是应用非常广泛的一种器件，除计数外，它还可以实现各种其他功能。计数式分频器是最简便的一种应用，还可以组成以计数器为核心器件的各种功能的时序电路等。

2. 移位寄存器

74LS194 是一个位双向移位寄存器，它的逻辑符号如图 1-5-7 所示。其中：D_0，D_1，D_2，D_3 和 Q_3，Q_2，Q_1，Q_0 是并行数据输入端和输出端；CP 是时钟输入端；cr 是直接清除端；D_{SR} 和 D_{SL} 分别是右移和左移的串行数据输入端；S_1 和 S_0 是工作状态控制输入端。

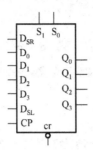

图 1-5-7　74LS194 逻辑符号

74LS194 功能表参见表 1-5-3。

表 1-5-3　74LS194 功能表

功能	输入										输出			
	cr	S_1	S_0	CP	D_{SL}	D_{SR}	D_0	D_1	D_2	D_3	Q_0	Q_1	Q_2	Q_3
清除	0	×	×	×	×	×	×	×	×	×	0	0	0	0
保持	1	×	×	0	×	×	×	×	×	×	保持			
	1	0	0	×	×	×	×	×	×	×	保持			
送数	1	1	1	↑	×	×	D_0	D_1	D_2	D_3	D_0	D_1	D_2	D_3
左移	1	0	1	↑	×	1	×	×	×	×	1	Q_{0n}	Q_{1n}	Q_{2n}
	1	0	1	↑	×	0	×	×	×	×	0	Q_{0n}	Q_{1n}	Q_{2n}
右移	1	1	0	↑	1	×	×	×	×	×	Q_{1n}	Q_{2n}	Q_{3n}	1
	1	1	0	↑	0	×	×	×	×	×	Q_{1n}	Q_{2n}	Q_{3n}	0

3. 显示译码器和数码显示器

显示译码器和数码管种类繁多，这里仅对实验中使用的 BCD 输入的 4 线-七段译码器和七段发光二极管数码管的使用方法进行简要介绍，并介绍 3 种译码显示组合器件。

1）七段发光二极管（LED）数码管

七段 LED 数码管有共阴型和共阳型两类。实验中使用共阴型数码管，它的图形符号和内部电路如图 1-5-8 所示。要求配用相应的译码/驱动器。小型数码管的每段发光二极管的正向压降,随显示光的颜色不同略有区别,通常约为 2V,点亮电流在 5～10mA。

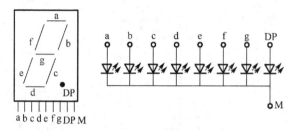

图 1-5-8　共阴型数码管图形符号和电路图

2) 4 线−七段译码/驱动器

表 1-5-4 列出了常用的 BCD 输入 4 线−七段译码/驱动器型号及其特点。

表 1-5-4　常用的 BCD 输入 4 线−七段译码/驱动器

型　　号	驱动数码管	引出端数	耐压 （V）	输出电流 （mA）	特　　点
74LS047	共阳	16	15	24	OC 输出
74LS048	共阴	16	5.5	6	OC 输出、有上拉电阻
74LS049	共阴	14	5.5	10	OC 输出

74LS048 是 BCD 输入的 4 线−七段译码/驱动器,它的逻辑符号如图 1-5-9 所示。

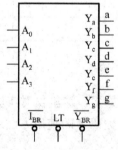

图 1-5-9　74LS048 逻辑符号

其中:A_3,A_2,A_1,A_0 是 BCD 码的输入端;Y_a,Y_b,…,Y_g 是译码器的输出端,有效输出为 1。器件内部有上拉电阻,不必再外接负载电阻至电源,能直接驱动共阴型七段 LED 数码管工作。由于数码管每段的正向工作电压仅约为 2V，为了不使译码器输出的高电平电压值拉下太多，通常在中间串接一只几百欧的限流电阻。LT 是灯测试输入端，当 $\overline{LT}=0$ 时，输出为全 1；I_{BR} 是灭 0 输入端，当 $\overline{I_{BR}}=0$，且 $A_3A_2A_1A_0$ 的输入为 0000 时，输出为全 0，数字 0 不显示，处于灭 0 状态；$\overline{I_{BR}}$ 是输入、输出合用的引出端，$\overline{I_{BR}}$ 是灭灯输入端，当 $\overline{I_{BR}}=0$ 时输出为全 0，$\overline{Y_{BR}}$ 是灭 0 输出端，指该器件处于灭 0 状态时，$\overline{Y_{BR}}=0$，否则 $\overline{Y_{BR}}=1$，它主要用来控制相邻位的灭 0 功能。

74LS048 功能表参见表 1-5-5。

表 1-5-5　74LS048 功能表

序号	输入							输出							字形
	A_3	A_2	A_1	A_0	$\overline{I_{BR}}$	$\overline{LT}$	$\overline{I_{BR}}/\overline{Y_{BR}}$	Y_a	Y_b	Y_c	Y_d	Y_e	Y_f	Y_g	
0	0	0	0	0	1	1	/1	1	1	1	1	1	1	0	0
1	0	0	0	1	×	1	/1	0	1	1	0	0	0	0	1
2	0	0	1	1	×	1	/1	1	1	0	1	1	0	1	2
3	0	0	1	1	×	1	/1	1	1	1	1	0	0	1	3
4	0	1	0	0	×	1	/1	0	1	1	0	0	1	1	4
5	0	1	0	1	×	1	/1	1	0	1	1	0	1	1	5
6	0	1	1	0	×	1	/1	0	0	1	1	1	1	1	6
7	0	1	1	1	×	1	/1	1	1	1	0	0	0	0	7
8	1	0	0	0	×	1	/1	1	1	1	1	1	1	1	8
9	1	0	0	1	×	1	/1	1	1	1	0	0	1	1	9
10	1	1	1	0	×	1	/1	0	0	0	1	1	0	1	c
11	1	1	1	1	×	1	/1	1	0	0	1	0	0	1	⊐
12	1	0	0	0	×	1	/1	0	1	0	0	0	1	1	u
13	1	0	0	1	×	1	/1	1	0	0	1	0	1	1	⊏
14	1	1	1	0	×	1	/1	0	0	0	1	1	1	1	t
15	1	1	1	1	×	1	/1	0	0	0	0	0	0	0	灭
灭灯	×	×	×	×	×	×	0/	0	0	0	0	0	0	0	灭
测灯	×	×	×	×	×	0	/1	1	1	1	1	1	1	1	8
灭零	0	0	0	0	0	1	/0	0	0	0	0	0	0	0	灭

图 1-5-10 所示为一个由 3 位十进制数组成的译码显示电路的连线图，由于百位的译码器 $\overline{I_{BR}}=0$，若此位读数是 0 时，将不显示字符，并且 Y_{BR} 输出为 0。图中可见，百位的 Y_{BR} 端与十位的 I_{BR} 端相连，因而在百位处于灭 0 状态时，十位也具有灭 0 功能。例如，电路的读数是 005，由于采取了灭 0 的连接，故数码管仅显示最低位一个数字 5。显然对个位的读数使用灭 0 功能是不妥当的，个位的 $\overline{I_{BR}}$ 应置 1。同样，对于小数点后的无效 0 也可采用灭 0 功能，电路的具体连接方法由读者自行设计。

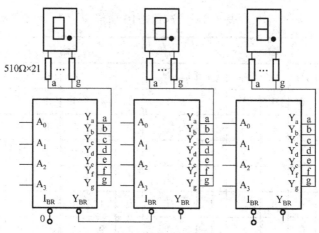

图 1-5-10　3 位十进制数的译码显示电路

3）译码显示器和计数译码显示器

（1）译码显示器。

CL002 和 CH283L 是一种 BCD 译码显示器，是由 CMOS 译码器和 LED 数码管组装而成的组合器件，完成 BCD 码寄存—译码—显示功能，其引出端功能表参见表 1-5-6。

表 1-5-6　CL002 和 CH283L 引出端功能表

端　　名	状　　态	功　　能
$A_3A_2A_1A_0$ $Q_3Q_2Q_1Q_0$		BCD 译码输入端 寄存器输出
M	0	送数
	1	寄存
I_B	0	数字显示
	1	数字消隐（灭灯）

端　　名	状　　态	功　　能
DP	0	小数点消隐
	1	小数点显示
I_{BR}	$\overline{I_{BR}}=0$	灭 0
	$\overline{I_{BR}}=1$	0 显示
Y_{BR}		灭 0 输出端，本位灭 0 时，$\overline{Y_{BR}}=0$，用来控制相邻位灭 0
V_{DD}		+5V
V_{SS}		接地
V		通常接地（可接±1V 控制字符亮度）

（2）计数译码显示器。

CL102 和 CH284L 是一种 NBCD 码的计数译码显示器，是由 CMOS 电路和 LED 数码管组装而成的组合器件，完成 NBCD 码计数—寄存—译码—显示功能，其引出端功能表参见表 1-5-7。

表 1-5-7　CL102 和 CH284L 引出端功能表

端　　名	状　　态	功　　能
$Q_3Q_2Q_1Q_0$		寄存器输出
M	0	送数
	1	寄存
I_B	0	数字显示
	1	数字消隐（灭灯）
DP	0	小数点消隐
	1	小数点显示
I_{BR}	$\overline{I_{BR}}=0$	灭 0
	$\overline{I_{BR}}=1$	0 显示
Y_{BR}		灭 0 输出端，本位灭 0 时，$\overline{Y_{BR}}=0$，用来控制相邻位灭 0
R	1	置 0
CP	↑	在 EN = 1 时，上升沿计数 在 EN = 0 时，为保持态
EN	↓	在 CP = 0 时，下降沿计数 在 CP = 1 时，为保持态
Q_{CC}		计数进位输出端，下降沿驱动高位计数
V_{DD}		+5V
V_{SS}		接地
V		通常接地（可接±1V 控制字符亮度）

【实验预习】

（1）74LS210 处于计数状态时，S_9 和 R_0 端各应处在什么逻辑电平？

（2）将 74LS210 接成 5421 码的十进制计数器，画出电路连接图，并写出状态转换真值表。

（3）74LS190 处于计数状态时，LD 端和 S 端各应处于什么逻辑电平？为什么称 LD 是直接置数端？

（4）74LS190 和 74LS191 有 Q_{CC}/Q_{CB} 和 Q_{CR} 两个输出端，这两个输出端的输出信号分别在时钟脉冲的什么时刻出现？

【实验任务】

（1）用 74LS290 实现 NBCD 码计数器：

① 画出连线图，用发光二极管指示器显示电路输出，记录在 CP 脉冲作用下各位输出的变化情况。

② 用示波器观察并记录 CP，Q_0，Q_1，Q_2 和 Q_3 的工作波形。

（2）将上述电路改接成一个二进码的六进制计数器，画出逻辑图，并观察和记录电路的工作波形。

（3）用 74LS290 实现 5421 码计数器，画出逻辑图，并观察和记录电路的工作波形。

（4）使用 74LS190 组成一个十进制减法计数器，用显示译码器（74LS048）和七段数码管（BS207）显示输出，记录数码变化情况。

（5）测试 74LS194 移位寄存器的逻辑功能，并验证表 1-5-3 所示的功能表。

（6）使用 74LS194 和最少数量的附加门设计具有自启动功能的 01011 序列信号发生器，画出逻辑图，并记录实验结果。

【实验设备与器材】

（1）脉冲示波器（TDS2002 型）　　　　　　　　　　1 台
（2）函数信号发生器（EM1642 型）　　　　　　　　1 台
（3）直流稳压电源（EM1716 型）　　　　　　　　　1 台
（4）数字电路实验箱（TPE-D6 型）　　　　　　　　1 台
（5）万用表及工具　　　　　　　　　　　　　　　　1 套

（6）主要器材：

  ① 74LS290　　　　　　　　　　　　　　　　　　　1 只

  ② 74LS190　　　　　　　　　　　　　　　　　　　1 只

  ③ 74LS194　　　　　　　　　　　　　　　　　　　1 只

  ④ 74LS153　　　　　　　　　　　　　　　　　　　1 只

  ⑤ 74LS048　　　　　　　　　　　　　　　　　　　1 只

  ⑥ 74LS1000　　　　　　　　　　　　　　　　　　1 只

  ⑦ BS207　　　　　　　　　　　　　　　　　　　　1 只

【实验报告要求】

（1）画出实验电路图，对实验记录进行分析。

（2）工作波形图必须画在方格坐标纸上。

（3）设计性任务要写出设计过程（包括设计技巧）并画出逻辑图。

【思考题】

（1）对图 1-5-6 所示的特殊十二进制计数器进行测试，验证电路功能。

（2）使用两只 74LS190 设计一个数字时钟秒位六十进制计数器，画出逻辑图，检测并记录电路功能。

（3）利用 74LS191 设计一个十分频和十一分频交替变换的可变分频电路，画出逻辑图，检测并记录电路功能。

（4）利用 74LS194 设计一个具有自启动功能的 4 位环形计数器（工作在 1000 主计数循环），画出逻辑图，检测并记录电路功能。

实验 1.6　脉冲信号产生电路

【实验目的】

（1）掌握使用集成逻辑门、集成单稳态触发器和 555 时基电路设计脉冲信号产生电路的方法。

（2）掌握影响输出波形参数的定时元件数值的计算方法。

（3）熟悉使用信号源的计数功能，测量脉冲信号周期 T 和脉宽 T_w 的方法。

【实验原理】

数字电路中，经常使用矩形脉冲作为信号进行信息传送，或者作为时钟脉冲用来控制和驱动电路，是个部分协调动作。获得矩形脉冲的电路通常有两类：一类是自激多谐振荡器，它是不需要外加信号触发的矩形波发生器。另一类是它激多谐振荡器，在这类电路中，有的是单稳态触发器，它需要在外加触发信号作用下，输出具有一定宽度的脉冲波；有的是整形电路（如施密特触发器），它对外加输入的正弦波等波形进行整形，使电路输出矩形脉冲波。

1．利用与非门组成脉冲信号产生电路

与非门作为一个开关倒相器件，可用来构成各种脉冲波形的产生电路。电路的基本工作原理是利用电容器的充放电，当输入电压达到与非门的阈值电压 V_T 时，门的输出状态即发生变化，因此电路中的阻容元件数值将直接与电路输出脉冲波形的参数有关。

1）自激多谐振荡器

由与非门组成的自激多谐振荡器有对称型振荡器、非对称型振荡器和环型振荡器等。如图 1-6-1 所示为一种带有 RC 网络的环型振荡器。其中，R_0 为限流电阻，一般取 100Ω，受电路工作条件约束，要求 $R \leqslant 1\text{k}\Omega$，电路输出信号的周期 $T \approx 2.2RC$。

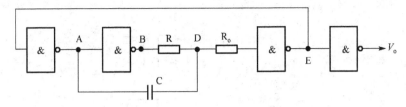

图 1-6-1　带有 RC 电路的环形振荡器

如图 1-6-2 所示为几种常用的晶体振荡器电路。其中，图 1-6-2(a) 和图 1-9-2(b) 为由 TTL 电路组成的晶体振荡电路；图 1-6-2(c) 为由 CMOS 电路组成的晶体振荡电路，它是电子时钟内用来产生秒脉冲信号的一种常用电路，其中晶体的 $f_0 =$ 32768Hz（即 2^{15}Hz）。

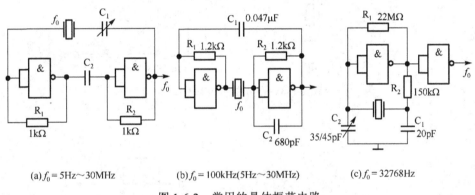

(a) $f_0 = 5$Hz～30MHz　　　　(b) $f_0 = 100$kHz(5Hz～30MHz)　　　　(c) $f_0 = 32768$Hz

图 1-6-2　常用的晶体振荡电路

2）单稳态触发器

如图 1-6-3 所示为一种微分型单稳态触发器电路图及其各点的工作波形图。这种电路适用于触发脉冲宽度小于输出脉冲宽度的情况。稳态时要求 G_2 门处于截止状态（输出为高电平），故 R 必须小于 1kΩ。定时元件参数 RC 取值不同，通常 $T_w = (0.7～1.3)RC$。

如图 1-6-4 所示为一种积分型单稳态触发器电路图及其各点的工作波形图。这种电路适用于触发脉冲宽度大于输出脉冲宽度的情况。稳定时要求 $R \leqslant 1$kΩ。脉冲宽度与微分型单稳态触发器相似，变化范围为 $T_w = (0.7～1.4)RC$（经实验证明）。

从电路分析可以知，输出脉冲宽度和电路的恢复时间均与 RC 电路的充放电时间有关，因而电路的恢复时间较长。在实际工作中，要求触发脉冲（方波）的周期应大于单稳态触发器输出脉冲宽度两倍以上。

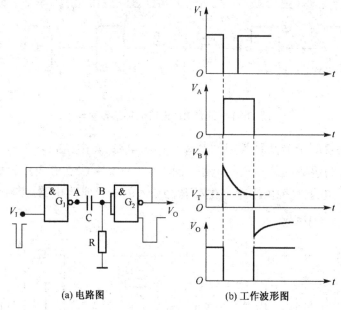

(a) 电路图　　　　　　(b) 工作波形图

图 1-6-3　微分型单稳态触发器

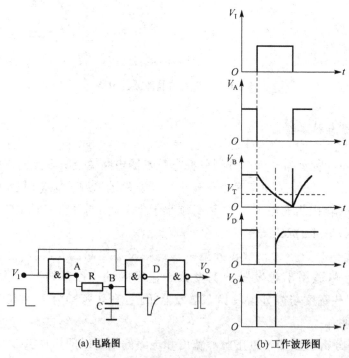

(a) 电路图　　　　　　(b) 工作波形图

图 1-6-4　积分型单稳态触发器

3）施密特触发器

如图 1-6-5 所示为利用与非门组成的具有一定电位差的施密特触发器。由于目前已有多种具有施密特触发输入的集成器件，因此实际使用时直接选用这类器件即可。

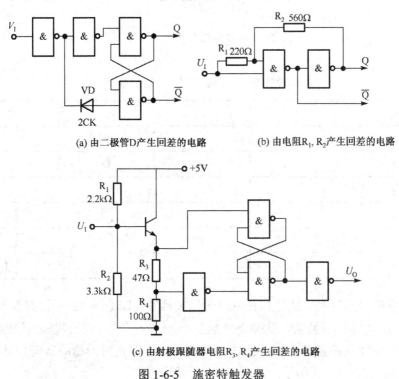

(a) 由二极管D产生回差的电路　　　　　(b) 由电阻R₁, R₂产生回差的电路

(c) 由射极跟随器电阻R₃, R₄产生回差的电路

图 1-6-5　施密特触发器

2. 集成单稳态触发器及其应用

集成单稳态触发器在没有触发信号输入时，电路输出 Q = 0，电路处于稳态；当输入端输入触发信号时，电路由稳态转入暂稳态，使输出 Q = 1；待电路暂稳态结束，电路又自动返回到稳态 Q = 0。在这一过程中，电路输出一个具有一定宽度的脉冲，其宽度与电路的外接定时元件 C_{EXT} 和 R_{EXT} 的数值有关。集成单稳态触发器有非重触发和可重触发两种，74LS123 是一种双可重触发的单稳态触发器，它的逻辑符号如图 1-6-6 所示。

74LS123 的功能表参见表 1-6-1。当 $C_{EXT} > 1000pF$ 时，输出脉冲宽度 $T_w \approx$ $0.45R_{EXT}C_{EXT}$

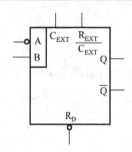

图 1-6-6　74LS123 逻辑符号

表 1-6-1　74LS123 的功能表

$\overline{R_D}$	$\overline{A}$	B	Q	$\overline{Q}$
0	×	×	0	1
×	1	×	0	1
×	×	0	0	1
1	0	↑	⊓	⊔
1	↓	1	⊓	⊔
↑	0	1	⊓	⊔

　　器件的可重触发功能是指在电路一旦被触发（即 Q = 1）后，只要 Q 还未恢复到 0，电路可以被输入脉冲重复触发，Q = 1 将继续延长，直至重复触发的最后一个触发脉冲到来后，再经过一个 T_W（该电路定时的脉冲宽度）时间，Q 才变为 0，如图 1-6-7 所示。

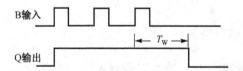

图 1-6-7　可重触发单稳态触发器的输入、输出波形

74LS123 的使用方法：

（1）有 A 和 B 两个输入端，A 为下降沿触发，B 为上升沿触发，只有出现 AB = 1 时电路才被触发。

（2）连接 Q 与 A 或 $\overline{Q}$ 与 B，可使器件变为非重触发单稳态触发器。

（3）当 $\overline{R_D}$ = 0 时，使输出 Q 立即变为 0，可用此来控制输出脉冲宽度。

（4）按图 1-6-8 连接电路，可组成一个矩形波信号发生器，利用开关 S 瞬时接地，使电路起振。

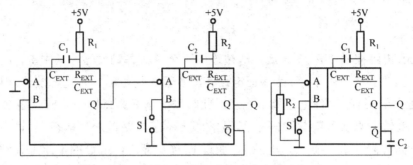

图 1-6-8　矩形波信号发生器

3. 555 时基电路及其应用

555 时基电路是一种模拟集成电路，它的内部电路框图如图 1-6-9 所示。电路主要由两个高精度比较器 C_1，C_2 以及一个 RS 触发器组成。比较器的参考电压分别是 $2/3V_{CC}$ 和 $1/3V_{CC}$，利用触发输入端 TR 输入一个小于 $1/3V_{CC}$ 信号，或者阈值输入端 TH 输入一个大于 $2/3V_{CC}$ 的信号，可以使 RS 触发器状态发生变换。CT 是控制输入端，可以外接输入电压，以改变比较器的参考电压值。在不接外加电压时，通常接 $0.01\mu F$ 电容器到地。C_t 是放电输入端，当输出端的 F＝0 时，C_t 对地短路，当 F＝1 时，C_t 对地开路。R 是复位输入端。当 R＝0 时，输出端有 F＝0。

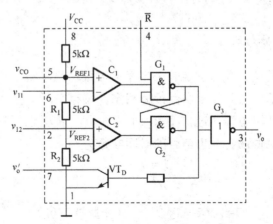

图 1-6-9　555 时基电路内部电路框图

器件的电源电压 V_{CC} 可以是 $-15V \sim +5V$，输出的最大电流可达 200mA，当电源电压为+5V时，电路输出与 TTL 电路兼容。555 电路能够输出从微秒级到小时级时间范围很广的信号。

　　1）单稳态触发器

　　555 电路按图 1-6-10 连接，即被连成一个单稳态触发器，其中 R，C 是外接定时元件，R_1，R_2 和 C_1 是保证电路在没有输入信号触发时使触发输入端 TR 的电压大于 $1/3V_{cc}$，使电路处于稳态。此时输出端 F 为低电平，放电端 C_t 与地短路。在输入端加负向脉冲信号 v_i，驱动 TR 端使电路进入暂稳态，F 输出由低变高，同时 C_t 端呈高阻态。电源 V_{cc} 通过 R 向 C 充电，当 C 的电压上升到高于 $2/3V_{cc}$ 时，此时由于 TH 端大于 $2/3V_{cc}$，电路状态再次发生变化，C_t 端与地短路，C 通过 C_t 端迅速放电，F 输出由高变低，暂稳态结束，电路又恢复到稳态。单稳态触发器的输出脉冲宽度 $T_w \approx 1.1RC$。

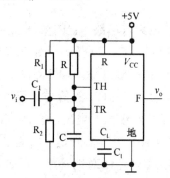

图 1-6-10　单稳态触发器电路

　　2）自激多谐振荡器

　　按图 1-6-11 连线，即可连成一个自激多谐振荡器电路，此电路与单稳态触发器的工作过程不同之处在于电路没有稳态，仅存在两个暂稳态，电路不需要外加触发信号，利用电源通过 R_1，R_2 向 C 充电，以及 C 通过 R_2 向放电端 C_t 放电，使电路产生振荡。输出信号的时间参数为

$$T = T_1 + T_2$$

其中：

$$T_1 = 0.7(R_1 + R_2)C \qquad （正脉冲宽度）$$

$$T_2 = 0.7R_2C \qquad （负脉冲宽度）$$

即

$$T=0.7(R_1+2R_2)C$$

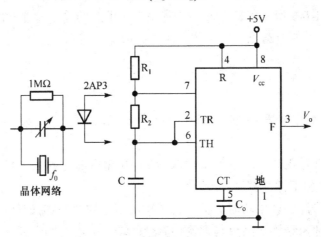

图 1-6-11 自激多谐振荡器电路

555 电路要求 R_1 与 R_2 均应 ≥1kΩ 且 R_1+R_2 ≤3.3MΩ。

在图 6-11 所示电路中接入部分元件，可以构成下述电路：

① 若在电阻 R_2 上并接一只二极管（2AP3），并取 R_1≈R_2，电路可以输出接近方波的信号。

② 在 C 与 R_2 连接点和 TR 与 TH 连接点之间的连接线上，串接入一个晶体网络，电路便成为一个晶体振荡器。晶体网络中 1MΩ 电阻器起到通直作用，并联电容用来微调振荡器的频率。只要恰当选择 R_1，R_2 和 C 的值，可以在晶体网络接入之前，使电路振荡在晶体的基频（或谐频）附近，接入晶体网络后，电路就能输出一个频率等于晶体基频（或谐频）的稳定振荡信号。

3）组成施密特触发器

利用控制输入端 CT 接入一个稳定的直流电压。被变换的信号同时从 TR 和 TH 端输入，即可输出整形后的波形（电路的正向阈值电压与 CT 端电压相等，负向阈值电压是 CT 端电压的 1/2）。

【实验预习】

（1）了解信号源计数的基本测试原理，了解面板上各开关的作用和仪器使用方法。

（2）预习思考题：

① 分析图 1-6-1 所示电路中电容器 C 的充、放电过程。

② 若图 1-6-3 所示的输入脉冲的宽度大于电路的输出脉冲宽度，将会出现什么现象？为了使电路能正常工作，对电路应进行哪些改进？

【实验任务】

（1）使用 555 时基电路组成图 1-6-11 所示电路，取 $R_1 = R_2 = 4.7\text{k}\Omega$，$C = C_0 = 0.01\mu\text{F}$。

① 用示波器观察并记录触发输入端 TR 和输出端 F 的工作波形，读出输出信号的周期 T 和正脉冲宽度 T_w 的值；

② 用信号源的计数功能测量与记录输出信号的 T 与 T_w 的值；

③ 将上述两种测试结果与理论计算值比较，分析实验误差。

（2）按图 1-6-12 所示电路连接，组成一个微分型单稳态触发器实验电路，其中 $R_i = 12\text{k}\Omega$，$C_i = 300\text{pF}$，$R = 300\Omega$，$C = 0.047\mu\text{F}$。当输入 1kH_z 方波信号时：

① 观察并记录输入信号 u_i，输出信号 u_o 以及 A，B，C，D 各点的工作波形，读出 u_o 的负脉冲宽度 T_w；

② 用示波器读出 u_o 的负脉冲宽度 T_w。

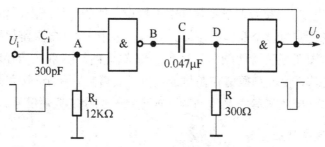

图 1-6-12　微分型单稳态触发器实验电路

（3）使用集成单稳态触发器 74LS123 设计一个下降沿延迟电路，把【实验任务 1】输出的矩形波下降沿延迟 $20\mu\text{s}$，并使输出的负脉冲宽度为 $20\mu\text{s}$。

① 画出设计电路图，取外接定时电容 $C = 0.01\mu\text{F}$，计算电阻阻值。

② 观察并记录输入、输出的工作波形。

③ 用通用计数器测量输出信号下降沿相对输入信号下降沿实际延迟时间和输出负脉冲的实际宽度。

【实验设备与器材】

(1) 二踪示波器　　　　　　　　　　1 台
(2) 信号源　　　　　　　　　　　　1 台
(3) 晶体管直流稳压电源　　　　　　1 台
(4) 通用实验底版　　　　　　　　　1 台
(5) 万用电表及工具　　　　　　　　1 套
(6) 主要器材
　　① 74LS000　　　　　　　　　　1 只
　　② 555 时基电路　　　　　　　　1 只
　　③ 74LS123　　　　　　　　　　1 只
　　④ 电阻器　　　　　100Ω，300Ω，4.7kΩ，1kΩ 等若干只
　　⑤ 电容器　　　　　300pF，0.01μF，0.047μF 等若干只

【实验报告要求】

(1) 写出设计计算过程，画出标有元件参数的实验电路图，并对测试结果进行分析（包括误差分析）。
(2) 用方格坐标纸画出工作波形图，图中必须标出零电平线位置。

【思考题】

(1) 按图 1-6-1 连接电路，取 $R = 1kΩ$，$R_0 = 100Ω$，$C = 0.1μF$。观察并记录 A，B，C，D，E 各点工作波形及 u_o 的波形；用信号源的计数功能测量 u_o 的周期 T 和正脉冲宽度 T_w。

(2) 在图 1-6-11 所示的电路中 R_2 上并联一只 2AP3 二极管，按【实验任务 (1)】中要求进行测试。

(3) 按图 6-8(b) 连接电路，取 $R_1 = R_2 = 4.7kΩ$，$C_1 = C_2 = 0.01μF$，用示波器和信号源的计数功能测量并记录工作波形，输出信号的周期 T 和脉冲宽度 T_w。

(4)【实验任务 (2)】对图 1-6-12 所示电路中的 R_i 和 C_i 的值有什么要求？为什么？

(5) 利用 555 时基电路设计并制作一只触摸式开关定时控制器，每当用手触摸一次，电路即输出一个正脉冲宽度为 10s 的信号，画出电路图并检测电路功能。

实验 1.7　顺序脉冲发生器和脉冲分配器电路设计

【实验目的】

通过实验进一步掌握顺序脉冲发生器和脉冲分配器等电路的原理，学会自行设计和使用这类电路。

【实验预习】

（1）认真阅读【实验任务】，分析电路工作原理。
（2）确定实验电路，选定实验芯片，拟定实验步骤。

【实验任务】

1. 顺序脉冲发生器的功能测试

如图 1-7-1 所示电路为扭环形计数器构成的顺序脉冲发生器。图中 FF_2，FF_1 用边沿 JK 触发器 74LS112。完成电路的接线后，在 CP 端加点动脉冲信号，测出电路的 Q 的状态变化顺序，画出状态转换图形式。在 CP 端加连续脉冲信号，观察并记录 $Y_1 \sim Y_4$ 和 CP 的波形，画出时序图。

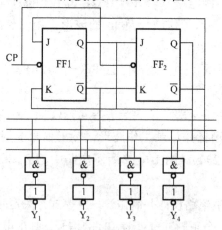

图 1-7-1　顺序脉冲发生器

2. 顺序脉冲发生器的设计

试用 D 触发器设计一个能自动启动的环行计数器，电路的输出 $Q_3Q_2Q_1$ 为一组顺序脉冲信号，脉冲的宽度为 2ms，脉冲的高、低电平值分别为 5V 和 0V。试自行设计电路，合理选取器件。

3. 脉冲分配电路的设计

试用 JK 触发器设计一个三相六拍步进电动机的脉冲分配图，用控制变量 C 控制步进电动机的正转、反转，当 C=0 时，步进电动机正转；当 C=1 时，步进电动机反转。写出设计过程，画出电路图，完成电路的接线，测试电路的功能，检查设计的电路能否自启动？三相六拍步进电动机脉冲分配电路的状态转换图如图 1-7-2 所示。

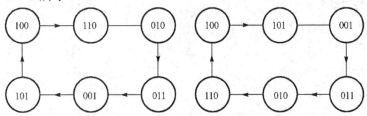

图 1-7-2　三相六拍步进电动机状态转换图

4. 序列脉冲发生器

如图 1-7-3 所示为一个序列脉冲发生器电路。图中芯片用 74LS160 同步发生器。按图连线。在 CP 端加点动脉冲信号，观察芯片 Q_3，Q_2，Q_1，Q_0 和 Y 的状态变化，说明电路在 CP 的作用下 Y 端能输出什么样的脉冲序列？

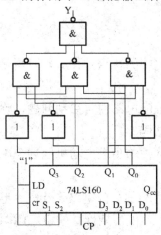

图 1-7-3　序列脉冲发生器

若希望输出端 Y 能周期性地输出 1001001110 的脉冲序列，则电路应怎样改接？试实验之。

【实验设备与器材】

（1）脉冲示波器（TDS2002 型）	1 台	
（2）函数信号发生器（EM1642 型）	1 台	
（3）直流稳压电源（EM1716 型）	1 台	
（4）数字电路实验箱（TPE-D6 型）	1 台	
（5）万用表与工具	1 套	
（6）主要器材：		
① 74LS112	1 只	
② 74LS160/161	1 只	
③ 74LS00	1 只	
④ 74LS10	2 只	
⑤ 74LS04	1 只	
⑥ CD4013	2 只	

【实验报告要求】

（1）写出电路设计过程及设计技巧。
（2）对实验结果进行分析。

【思考题】

（1）顺序脉冲发生器电路的特点是什么？可用哪几种方法实现？各有何优缺点？

（2）步进电动机脉冲分配电路的自启动问题，你认为应该怎样解决？从实验角度考虑，还有别的办法吗？

（3）试设计一个四相八拍的步进电动机脉冲分配电路，并通过实验验证电路的功能。

（4）试用 74LS161 芯片和部分门电路设计一个脉冲序列电路。要求电路输出端 Y 在时钟 CP 的作用下，能周期性地输出 10101000011001 的脉冲序列。

实验 1.8 四路优先判决电路设计

【实验目的】

（1）掌握 D 触发器、与非门等数字逻辑基本电路原理及应用。

（2）提高分析故障及排除故障能力。

【实验预习】

（1）认真阅读【实验任务】，分析电路工作原理。

（2）在图 1-8-1 中标注引脚并拟定实验步骤。

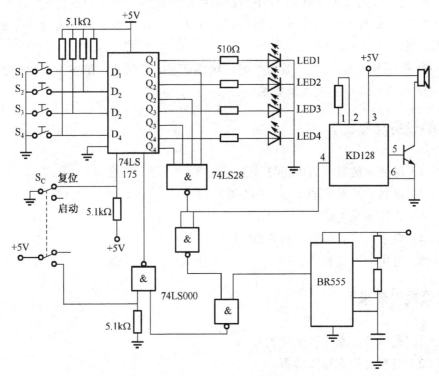

图 1-8-1 实验参考电路

【实验任务】

（1）按设计电路图 1-8-1 正确接线，按【实验预习】拟定的实验步骤工作。

（2）按上述工作要求测试电路工作情况（至少 4 次，即 S_1～S_4 各优先一次）。

（3）对应【实验预习】分析电路工作状态并测试。如电路工作不正常，试自行排除。

注：KD128 为门铃音乐集成电路，其 4 脚为高电平时发声，声音有"叮咚"声等，也可用其他音乐电路或蜂鸣器等作为声响元件。

优先判决电路是通过逻辑电路判决哪一个预定状态优先发生的一个装置，可用于智力竞赛抢答及测试反应能力等。S_1～S_4 为抢答人所用按钮，LED1～LED4 为抢答成功显示，同时扬声器发声。其工作要求如下：

① 控制开关在"复位"位置时，S_1～S_4 按下无效。

② 控制开关打到"启动"位置时：

● S_1～S_4 无人按下时 LED 不亮，扬声器不发声。

● S_1～S_4 有一个"按下"时，对应 LED 亮且扬声器发声，其余开关 S 则再按无效。

③ 控制开关 Sc 打到"复位"时，电路恢复等待状态，准备下一次抢答。

④ 说明设计原理及逻辑关系。

【实验设备与器材】

（1）脉冲示波器（TDS2002 型）　　　　　1 台
（2）函数信号发生器（EM1642 型）　　　　1 台
（3）直流稳压电源（EM1716 型）　　　　　1 台
（4）数字电路实验箱（TPE-D6 型）　　　　1 台
（5）万用表及工具　　　　　　　　　　　1 套

【实验报告要求】

（1）说明设计原理及逻辑关系。
（2）说明实验方法及步骤。
（3）对实验结果进行分析。

【思考题】

（1）四路优先判决电路的特点是什么？可用哪几种方法实现？各有何优缺点？

（2）如果改成一个八路优先判决电路，有几种方案？需要更改电路中哪些部分？

实验 1.9　简易数字闹钟电路综合设计

【实验目的】

通过实验进一步掌握计数器、脉冲信号发生器、显示译码器等电路的原理，学会自行设计和使用这类电路。

【实验预习】

（1）认真阅读本实验说明，分析电路工作原理。
（2）确定实验电路，选定实验芯片，拟定实验步骤。

【实验任务】

使用中、小规模集成电路设计与制作一台数字显示时、分、秒的闹钟。应具有以下功能：

1. 能进行正常的时、分、秒计时功能

使用 6 只七段发光二极管显示时间。其中时位以 12h 为计数周期，其计数序列应为 1，2，…，11，12，1，…当时钟为 12 时 59 分 59 秒时，再计一个秒脉冲，时钟应该显示 1 时 00 分 00 秒。电路还应有上午和下午的指示。

设计要求"时"的十位数应该采取灭零措施，上午和下午指示应该与"时"十位合用一只数码管。

2. 能进行手动校时

利用两个单刀双掷开关分别对时位和分位进行校正。

校正时位时，要求时位以每秒计 1 的速度循环计数。

校正分位时，要求分位以每秒计 1 的速度循环计数。此时秒位计数应置 0，并且分位向时位的进位必须断开。

3. 能进行整点报时

要求发出模仿中央人民广播电台的整点报时信号，即在 59 分 50 秒起每隔 2 秒钟发出一次低音的"嘟"信号（信号鸣叫持续时间 1s，间隙 1s）。连续发 5 次，到达整点时（即 00 分 00 秒时）再鸣叫一次高音的"哒"信号（信号持续时间仍为 1s）。因此，电路必须有两路信号输出，用来控制两种不同的音响信号输出（实验仅需输出两路控制信号，用发光二极管指示，不要求输出音响）。

数字闹钟电路工作原理框图如图 1-9-1 所示。

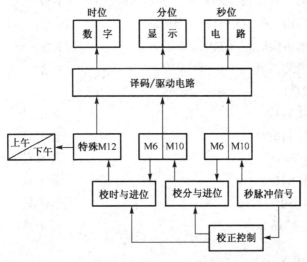

图 1-9-1　数字闹钟框图

4. 设计说明与提示

（1）数码管显示的时位、分位和秒位之间用数码管的小数点隔开。当时钟处在校正时位或校正分位时，分别用时位或分位数码管的中间一个小数点点亮作为指示。

（2）秒脉冲信号的精确度决定了时钟走时的精确度。因此，电子钟内部通常使用石英晶体振荡器（参考电路如图 1-6-2 所示），产生精确的秒脉冲信号，信号的频率稳定度约为 10^{-5}。为了实验时调试方便，可以用脉冲信号发生器输出的方波信号代替。

（3）由于校正电路的引入，秒、分、时之间的进位不能直接连接，必须在中间插入一个校时网络。设计该网络时应注意以下几点：

①　不影响正常的进位功能；

②　注意校正结束时，开关的拨动不应导致加 1 的校时错误，尽可能减小各级计数器的进位信号的脉冲宽度，对防止出错是有利的；

③　必须注意校正开关的抖动可能造成不良的影响，必要时采用无抖动开关。

【实验设备与器材】

（1）脉冲示波器（TDS2002 型）		1 台
（2）函数信号发生器（EM1642 型）		1 台
（3）直流稳压电源（EM1716 型）		1 台
（4）数字电路实验箱（TPE-D6 型）		1 台
（5）万用表及工具		1 套
（6）主要器材：		
	①　74LS112	若干只
	②　74LS160/161	若干只
	③　74LS00	若干只
	④　74LS10	若干只
	⑤　74LS04	若干只
	⑥　CD4013	若干只

【实验报告要求】

（1）写出电路设计过程及设计技巧。

（2）对实验结果进行分析。

【思考题】

（1）数字闹钟主体电路包括哪几部分？各部分的方案是什么？

（2）脉冲信号产生电路常用方案有哪几种？各有什么区别？

（3）选用同步计数器芯片或者异步计数器芯片时需要注意哪些问题？

下 篇

数字逻辑电路EDA实验

实验 2.1　原理图输入法设计组合逻辑电路

【实验目的】

（1）掌握 EDA 设计软件——Maxplus II 的使用方法。

（2）掌握 EDA 设计的基本过程。

【实验原理】

示例：设计三人表决器

题目要求：有三个人参加表决，用 A，B，C 表示三人。根据少数服从多数的原则，决定表决结果，用 F 表示结果。用正逻辑进行设计。

题目分析：由题目要求，当 A，B，C 中有两人或者三人为 1 时，F 为 1。可以列出真值表，并化简得到输出函数的表达式为

$$F = AB + BC + AC = \overline{\overline{AB} \cdot \overline{AC} \cdot \overline{BC}}$$

可以用与或式（3 个与门和 1 个或门）实现，也可以用与非-与非式（4 个与非门）实现。若用与非-与非式进行设计，则电路如图 2-1-1 所示。

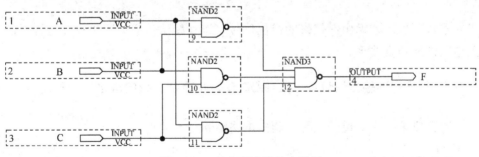

图 2-1-1　三人表决器的电路图

【实验预习】

（1）设计小规模组合逻辑电路的方法和步骤。

（2）完成实验任务的设计，画出电路图。

（3）在 Maxplus II 图形输入法中如何连接电路？

【实验任务】

1．设计 1 位数值比较电路

题目要求：比较 A，B 两个数的大小。它有 3 种可能的结果：A<B，A=B，A>B。试建立表达这一逻辑关系的逻辑函数式；写出设计过程，并画出电路图和仿真波形。

2．设计一个三输入的奇校验电路

题目要求：已知有三位数据输入电路，若其中含有奇数个 1，则奇校验电路输出为 1；画出电路图和仿真波形。

3．设计 1 位二进制全加器

题目要求：考虑由低位来的进位信号，进行加法计算；写出设计过程，画出电路图和仿真波形。

4．用原理图输入法设计 1 位全减器

题目要求：考虑由低位来的借位信号，进行减法计算；写出设计过程，画出电路图和仿真波形。

5．用原理图输入法设计 8421BCD 码转化为余 3 码的电路

题目要求：写出设计过程，画出电路图和仿真波形。

【实验设备与器材】

（1）计算机　　　　　　　　　　　　1 台
（2）直流稳压电源　　　　　　　　　1 台
（3）数字系统与逻辑设计实验开发板　1 套

【实验报告要求】

（1）画出每个实验任务对应的电路图。
（2）对设计完成的组合逻辑电路进行波形仿真，分析仿真延迟时间。

【思考题】

（1）为了验证设计电路是否满足要求，在 Maxplus II 仿真时，设计输入信号的波形时应该注意哪些问题？
（2）在原理图设计中使用的是哪一个库里面的元器件，是否还有其他库可用，它们有什么不同？

实验 2.2   用 VHDL 语言设计组合逻辑电路

【实验目的】

（1）掌握用 VHDL 语言描述组合逻辑电路的方法。
（2）借助于 EDA 软件，深入理解组合逻辑电路的功能。

【实验原理】

示例 1：描述 3 线-8 线译码器

题目要求：用 VHDL 语言描述 3 线-8 线译码器。

题目分析：3 线-8 线译码器有三个地址输入端 ADDRESS2～ADDRESS0，三个使能端 G1，G2A 和 G2B。G1 为高电平有效，G2A 和 G2B 为低电平有效；只有三个使能端都加上有效电平时，才能得到有效译码输出 Y，输出低电平有效。

VHDL 语言参考程序如下：

```
LIBRARY IEEE;
USE IEEE.STD_LOGIC_1164.ALL;
ENTITY DECODER_3_TO_8 IS
  PORT(ADDRESS: IN STD_LOGIC_VECTOR(2 DOWNTO 0);
        G1,G2A,G2B: IN STD_LOGIC;
        Y:  OUT STD_LOGIC_VECTOR(7 DOWNTO 0));
END DECODER_3_TO_8;
ARCHITECTURE RTL OF DECODER_3_TO_8 IS
SIGNAL INDATA:STD_LOGIC_VECTOR(2 DOWNTO 0);
BEGIN
  INDATA <=ADDRESS;
  PROCESS(INDATA,G1,G2A,G2B)
    BEGIN
      IF(G1='1' AND G2A='0' AND G2B='0') THEN
        CASE INDATA IS
```

```
        WHEN "000" => Y<="11111110";
        WHEN "001" => Y<="11111101";
        WHEN "010" => Y<="11111011";
        WHEN "011" => Y<="11110111";
        WHEN "100" => Y<="11101111";
        WHEN "101" => Y<="11011111";
        WHEN "110" => Y<="10111111";
        WHEN "111" => Y<="01111111";
        WHEN OTHERS => Y<="11111111";
      END CASE;
    ELSE
        Y<="11111111";
    END IF;
  END PROCESS;
END RTL;
```

3 线-8 线译码器的仿真波形图如图 2-2-1 所示。

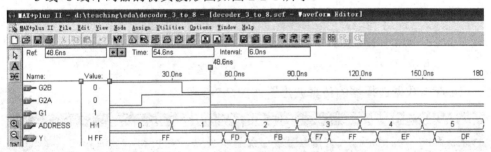

图 2-2-1　3 线-8 线译码器的仿真波形图

示例 2：描述 4 选 1 数据选择器

题目要求：用 VHDL 语言描述 4 选 1 数据选择器。

题目分析：设定地址控制端 A 和 B，输入数据为 4b，用 INPUT 表示；输出端为 Y。根据地址控制端 A 和 B 的取值，选择 INPUT 中的 1b 进行输出。

VHDL 语言参考程序如下：

```
LIBRARY IEEE;
USE IEEE.STD_LOGIC_1164.ALL;
ENTITY MUX4 IS
  PORT(INPUT : IN STD_LOGIC_VECTOR(3 DOWNTO 0);
```

```
            A, B  :  IN STD_LOGIC;
            Y     :   OUT STD_LOGIC);
END MUX4;
ARCHITECTURE RTL OF MUX4 IS
SIGNAL SEL:STD_LOGIC_VECTOR(1 DOWNTO 0);
BEGIN
   SEL<=A & B;
   PROCESS(INPUT,SEL)
   BEGIN
     IF(SEL="00") THEN
        Y<=INPUT(0);
     ELSIF(SEL="01") THEN
        Y<=INPUT(1);
     ELSIF(SEL="10") THEN
        Y<=INPUT(2);
     ELSE
        Y<=INPUT(3);
      END IF;
   END PROCESS;
END RTL;
```

4 选 1 数据选择器的仿真波形图如图 2-2-2 所示。

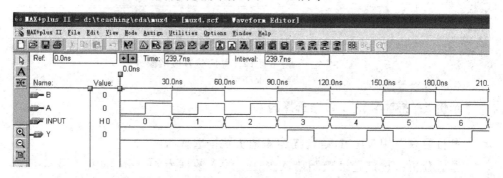

图 2-2-2　4 选 1 数据选择器的仿真波形图

示例 3：7 段共阴式数码管显示译码电路设计

题目要求：用 VHDL 语言描述 7 段共阴式数码管显示译码电路。

题目分析：输入变量 A 为 4b 二进制数，输出 LED7S 为 7b 二进制数，表示共阴式数码管点亮时各位的状态，如图 2-2-3 所示。例如：显示数码"0"，则对应 a，b，c，d，e 和 f 段应亮，g 段不亮，对应输出 LED7S(gfedcba) = "0111111" = 3F。

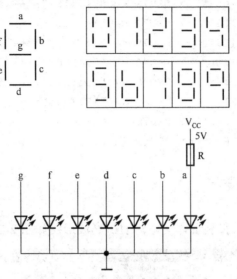

图 2-2-3 7 段共阴式数码管示意图

VHDL 语言参考程序如下：

```
LIBRARY IEEE;
USE IEEE.STD_LOGIC_1164.ALL;
ENTITY DECL7S IS
 PORT (A: IN STD_LOGIC_VECTOR (3 DOWNTO 0);
     LED7S: OUT STD_LOGIC_VECTOR(6 DOWNTO 0));
END;
ARCHITECTURE ONE OF DECL7S IS
BEGIN
 PROCESS(A)
 BEGIN
  CASE A IS
   WHEN "0000" => LED7S <= "0111111"; -- 3F:0
   WHEN "0001" => LED7S <= "0000110"; -- 06:1
   WHEN "0010" => LED7S <= "1011011"; -- 5B:2
   WHEN "0011" => LED7S <= "1001111"; -- 4F:3
   WHEN "0100" => LED7S <= "1100110"; -- 66:4
   WHEN "0101" => LED7S <= "1101101"; -- 6D:5
   WHEN "0110" => LED7S <= "1111101"; -- 7D:6
```

```
        WHEN "0111" => LED7S <= "0000111"; -- 07:7
        WHEN "1000" => LED7S <= "1111111"; -- 7F:8
        WHEN "1001" => LED7S <= "1101111"; -- 6F:9
        WHEN "1010" => LED7S <= "1110111"; -- 77:A
        WHEN "1011" => LED7S <= "1111100"; -- 7C:B
        WHEN "1100" => LED7S <= "0111001"; -- 39:C
        WHEN "1101" => LED7S <= "1011110"; -- 5E:D
        WHEN "1110" => LED7S <= "1111001"; -- 79:E
        WHEN "1111" => LED7S <= "1110001"; -- 71:F
        WHEN OTHERS => NULL;
      END CASE;
    END PROCESS;
  END;
```

7 段共阴式数码管显示译码电路的仿真波形图如图 2-2-4 所示。

图 2-2-4　7 段共阴式数码管显示译码电路的仿真波形图

【实验预习】

（1）一个完整的 VHDL 语言程序通常包含哪几部分？

（2）用 VHDL 语言描述组合逻辑电路的方法。

（3）译码器、数据选择器和显示译码器的工作原理。

【实验任务】

（1）分析以下 VHDL 语言程序，画出其逻辑图，并说明该逻辑功能。

```
ENTITY xxxx IS
PORT(a,b: IN BIT;  s,co: OUT BIT);
END xxxx;
ARCHITECTURE h OF xxxx IS
```

```
SIGNAL c, d: BIT;
BEGIN
c<= a OR b;
d <= a NAND b;
co <= NOT d;
s<= c AND d;
END h;
```

题目要求：读懂已知程序，用原理图输入法完成该逻辑功能。

（2）用 VHDL 语言描述 8 选 1 数据选择器。

题目要求：写出设计过程，画出电路图和仿真波形。

（3）用 VHDL 语言描述数据分配器。

题目要求：写出设计过程，画出电路图和仿真波形。

（4）设计血型适配检测电路。

题目要求：写出设计过程，画出电路图和仿真波形。

【实验设备与器材】

（1）计算机　　　　　　　　　　　　　　　　　　1 台
（2）直流稳压电源　　　　　　　　　　　　　　　1 台
（3）数字系统与逻辑设计实验开发板　　　　　　　1 套

【实验报告要求】

（1）写出每个设计任务对应的 VHDL 语言程序代码。

（2）对设计完成的组合逻辑电路进行波形仿真，分析仿真延迟时间。

【思考题】

（1）一个工程目录下的文件类型有哪些，它们的含义和用途分别是什么？

（2）VHDL 语言的结构体有哪几种描述方法？

实验 2.3　用 VHDL 语言设计时序逻辑电路

【实验目的】

（1）掌握用 VHDL 语言描述时序逻辑电路的方法。

（2）借助于 EDA 软件，深入理解时序逻辑电路的功能。

【实验原理】

示例 1：用 VHDL 语言描述异步复位的 D 触发器

题目要求：用 VHDL 语言描述 D 触发器，要求能够进行异步清零（复位）。

题目分析：设计 D 触发器 DFF，需要设置清零信号 CR、时钟信号 CP、D 触发器输入信号 D 和输出信号 Q。异步清零，即只要满足 CR = 0、触发器输出 Q = 0。在清零信号没有满足要求时，在时钟信号 CP 的上升沿触发器输出 Q 按输入信号 D 变化。

VHDL 语言参考程序如下：

```
LIBRARY IEEE;
USE IEEE.STD_LOGIC_1164.ALL;
ENTITY DFF IS
PORT (CP, D, CR: IN STD_LOGIC;
      Q: OUT STD_LOGIC);
END DFF;
ARCHITECTURE RTL OF DFF IS
BEGIN
PROCESS (CP, CR)
BEGIN
  IF(CR='0') THEN
    Q <= '0';
    ELSIF (CP'EVENT AND CP='1') THEN
    Q <= D;
```

```
      END IF;
   END PROCESS;
   END RTL;
```

示例 2：设计六十进制计数器

题目要求：用 VHDL 语言描述六十进制计数器。

题目分析：CLK 为时钟输入端，CLEAR 为清零端（低电平有效），EN 为使能端（高电平有效），QH 为输出计数值的十位，QL 为输出计数值的个位，COUT 为输出计数值的进位。

VHDL 语言参考程序如下：

```
LIBRARY IEEE;                    -- 打开 IEEE 库
USE IEEE.STD_LOGIC_1164.ALL;
USE IEEE.STD_LOGIC_ARITH.ALL;
USE IEEE.STD_LOGIC_UNSIGNED.ALL;
ENTITY COUNT60 IS                -- 定义实体
  PORT (EN, CLEAR, CLK : IN STD_LOGIC;
        QH : BUFFER STD_LOGIC_VECTOR (3 DOWNTO 0);
        QL : BUFFER STD_LOGIC_VECTOR (3 DOWNTO 0);
        COUT : OUT STD_LOGIC);
END COUNT60;
ARCHITECTURE BEHAVE OF COUNT60 IS
 BEGIN
   COUT <= '1' WHEN (QH = "0101" AND QL = "1001" AND EN = '1' )
   ELSE '0';                      -- 计数到 59 时产生进位信号
PROCESS (CLK,CLEAR)               -- 有 CLK 及 CLEAR 变化时即触发进位程序
 BEGIN
   IF (CLEAR = '0') THEN
     QH <= "0000";
     QL <= "0000";                -- 有清零信号即清零，0 有效
   ELSIF (CLK'EVENT AND CLK ='1') THEN
                                  -- 有时钟信号上升沿时开始计数
     IF (EN = '1') THEN           -- EN 为使能信号，1 有效
       IF (QL = 9) THEN
         QL <= "0000";            -- QL 到 9 时清零
       IF (QH = 5) THEN
         QH<= "0000";             -- QH 到 5 时清零
```

```
        ELSE
          QH <= QH + 1;      -- QH 未到 5 时累加 1
        END IF;
      ELSE
        QL <= QL + 1;        -- QL 未到 9 时累加 1
      END IF;
    END IF;
  END IF;
END PROCESS;
END BEHAVE;
```

六十进制计数电路的仿真波形图如图 2-3-1 所示。

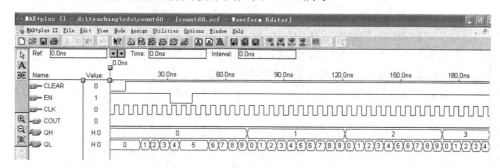

图 2-3-1　六十进制计数电路的仿真波形图

示例 3：设计 4 位可预置可清零的加减可逆计数器

题目要求：设计计数器的功能包括异步清零、同步置数、加减计数可控等。

题目分析：DATA 为预置的 4 位二进制数据。用 VHDL 语言描述计数器 CNT4JJ，CLK 为计数时钟信号（上升沿有效），RST 为异步清零信号（低电平有效），LD 为同步置数信号（低电平有效），UPD 为加减控制信号（为 1 时进行加法计数，为 0 时进行减法计数）。

VHDL 语言参考程序如下：

```
LIBRARY IEEE;
USE IEEE.STD_LOGIC_1164.ALL;
USE IEEE.STD_LOGIC_UNSIGNED.ALL;
ENTITY CNT4JJ IS
    PORT (CLK : IN STD_LOGIC;
        RST : IN STD_LOGIC;
```

```
        UPD : IN STD_LOGIC;
        LD  : IN STD_LOGIC;
        DATA: IN STD_LOGIC_VECTOR(3 DOWNTO 0);
        OUTY : OUT STD_LOGIC_VECTOR(3 DOWNTO 0));
    END CNT4JJ;
ARCHITECTURE BEHAV OF CNT4JJ IS
    SIGNAL CQI : STD_LOGIC_VECTOR(3 DOWNTO 0);
BEGIN
PROCESS(CLK, RST, UPD)
 BEGIN
  IF RST = '0' THEN   CQI <= "0000";
  ELSIF LD= '0' THEN  CQI <= DATA;
  ELSIF CLK'EVENT AND CLK = '1' THEN
    IF UPD = '1' THEN  CQI <= CQI + 1;
      ELSE CQI <= CQI - 1;
    END IF;
  END IF;
   OUTY <= CQI ;
END PROCESS;
END BEHAV;
```

4 位可预置可清零的加减可逆计数器的仿真波形图如图 2-3-2 所示。

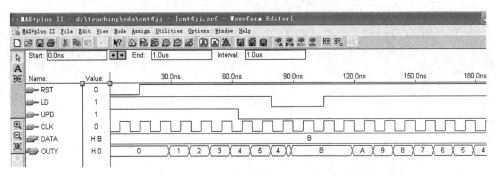

图 2-3-2　4 位可预置可清零的加减可逆计数器的仿真波形图

【实验预习】

（1）用 VHDL 语言如何描述时序逻辑电路？

（2）同步复位和异步复位的区别是什么？

（3）写出同步计数电路的设计方法和步骤。

【实验任务】

（1）分析以下 VHDL 语言所描述的时序逻辑电路的功能，并画出仿真波形。

```
LIBRARY IEEE;
USE IEEE.STD_LOGIC_1164.ALL;
USE IEEE.STD_LOGIC_UNSIGNED.ALL;
ENTITY CHA6 IS
PORT(clk,clr,updn: IN STD_LOGIC;
qa,qb,qc,qd: OUT STD_LOGIC);
END CHA6;
ARCHITECTURE rtl OF CHA6 IS
SIGNAL count_4: STD_LOGIC_VECTOR(3 DOWNTO 0);
BEGIN
qa<= count_4(0);
qb <= count_4(1);
qc <= count_4(2);
qd<= count_4(3);
PROCESS(clr,clk)
BEGIN
IF(clr='1') THEN
count_4 <= (OTHERS=>'0');
ELSIF(clk'EVENT AND CLK='1') THEN
IF(updn='1') THEN
count_4<= count_4+'1';
ELSE
count_4<= count_4-'1';
END IF;
END IF;
END PROCESS;
END rtl;
```

（2）设计二十四进制计数器。

题目要求：写出设计过程和 VHDL 语言程序代码，并画出仿真波形。

（3）设计 12 进 1 计数器，要求有两位十进制输出（个位和十位），计数顺序为：1，2，3，4，5，6，7，8，9，10，11，12，1，2，…

题目要求：写出设计过程和 VHDL 语言程序代码，并画出仿真波形。

【实验设备与器材】

（1）计算机　　　　　　　　　　　　　　1 台
（2）直流稳压电源　　　　　　　　　　　1 台
（3）数字系统与逻辑设计实验开发板　　　1 套

【实验报告要求】

（1）写出每个实验任务所对应的 VHDL 语言程序代码。
（2）对设计完成的时序逻辑电路进行波形仿真，分析仿真延迟时间。
（3）画出每个实验任务对应生成的设计图元。

【思考题】

（1）VHDL 语言中的信号与变量有什么区别？
（2）时序逻辑电路仿真时需要注意哪些问题？

实验 2.4 设计顶层文件

【实验目的】

（1）学习 EDA 自顶向下的设计思想和方法。
（2）掌握顶层文件设计的两种常用方法。

【实验原理】

示例 1：利用实验 2.2 中的【实验原理】示例 3 和实验 2.3 中的【实验原理】示例 3 已经设计好的程序完成顶层文件设计

题目要求：将 7 段共阴式数码管显示译码电路 DECL7S 和 4 位可预置可清零的加减可逆计数器 CNT4JJ 连接在一起，形成可以直接显示结果的计数器。

题目分析：方法 1——将元器件 DECL7S 和 CNT4JJ 进行元件例化，在 VHDL 程序中调用；方法 2——将生成的图元 DECL7S.SYM 和 CNT4JJ.SYM 输入到原理图中，用 .GDF 文件连接生成顶层文件。

（1）利用方法 1 生成顶层文件。

VHDL 语言参考程序如下：

```
LIBRARY IEEE;
USE IEEE.STD_LOGIC_1164.ALL;
ENTITY DC1 IS
PORT( CP : IN STD_LOGIC;
     CR : IN STD_LOGIC;
    UPD : IN STD_LOGIC;
   LOAD : IN STD_LOGIC;
   DATA : IN STD_LOGIC_VECTOR(3 DOWNTO 0);
    LED : OUT STD_LOGIC_VECTOR(6 DOWNTO 0));
END DC1;
ARCHITECTURE ONE OF DC1 IS
COMPONENT CNT4JJ
  PORT(CLK : IN STD_LOGIC;
```

```
      RST : IN STD_LOGIC;
      UPD : IN STD_LOGIC;
      LD  : IN STD_LOGIC;
      DATA: IN STD_LOGIC_VECTOR(3 DOWNTO 0);
      OUTY : OUT STD_LOGIC_VECTOR(3 DOWNTO 0));
   END COMPONENT;
   COMPONENT DECL7S
    PORT (A: IN STD_LOGIC_VECTOR (3 DOWNTO 0);
        LED7S: OUT STD_LOGIC_VECTOR(6 DOWNTO 0));
   END COMPONENT;
   SIGNAL Y : STD_LOGIC_VECTOR(3 DOWNTO 0);
   BEGIN
   U0: CNT4JJ PORT MAP(CP,CR,UPD,LOAD,DATA,Y);
   U1: DECL7S PORT MAP(Y,LED);
   END ONE;
```

（2）利用方法 2 生成顶层文件。

4 位计数显示电路的原理图参考文件如图 2-4-1 所示。

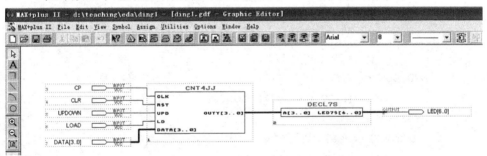

图 2-4-1　4 位计数显示电路的原理图

4 位计数显示电路的仿真波形图如图 2-4-2 所示。

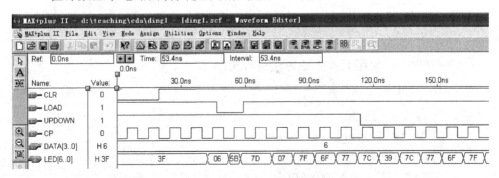

图 2-4-2　4 位计数显示电路的仿真波形图

示例 2：完成 4 个 D 触发器的级联，实现 4 位移位寄存器

题目要求：用不同的方法，实现 4 位移位寄存器。

题目分析：可以用到的方法包括元器件——调用、利用元器件生成语句调用，以及利用原理图输入法完成。

（1）方法 1：采用元件例化方法进行级联。

VHDL 语言参考程序如下：

```
LIBRARY IEEE;
USE IEEE.STD_LOGIC_1164.ALL;
ENTITY DFF4 IS
PORT(CLK : IN STD_LOGIC;
        D : IN STD_LOGIC;
        Q : OUT STD_LOGIC);
END DFF4;
ARCHITECTURE ONE OF DFF4 IS
COMPONENT DFF1
  PORT(CLK : IN STD_LOGIC;
          D : IN STD_LOGIC;
          Q : OUT STD_LOGIC);
END COMPONENT;
SIGNAL Q0,Q1,Q2,Q3 : STD_LOGIC;
BEGIN
  U0: DFF1 PORT MAP(CLK,D,Q0);
  U1: DFF1 PORT MAP(CLK,Q0,Q1);
  U2: DFF1 PORT MAP(CLK,Q1,Q2);
  U3: DFF1 PORT MAP(CLK,Q2,Q3);
Q <= Q3;
END ONE;
```

（2）方法 2：采用元件生成方法进行级联。

VHDL 语言参考程序如下：

```
LIBRARY IEEE;
USE IEEE.STD_LOGIC_1164.ALL;
ENTITY DFF41 IS
PORT(CLK : IN STD_LOGIC;
```

```
        D : IN STD_LOGIC;
        Q : OUT STD_LOGIC);
END DFF41;
ARCHITECTURE ONE OF DFF41 IS
COMPONENT DFF1
  PORT(CLK : IN STD_LOGIC;
        D : IN STD_LOGIC;
        Q : OUT STD_LOGIC);
END COMPONENT;
SIGNAL Y : STD_LOGIC_VECTOR(0 TO 4);
BEGIN
  Y(0) <= D;
  U0: FOR I IN 0 TO 3 GENERATE
    UX: DFF1 PORT MAP(CLK,Y(I),Y(I+1));
END GENERATE;
Q <= Y(4);
END ONE;
```

（3）方法 3：利用原理图输入法完成顶层原理图设计，如图 2-4-3 所示。

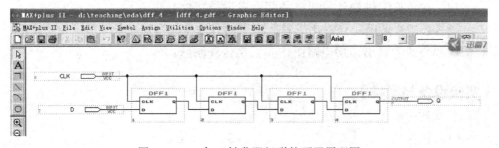

图 2-4-3　4 个 D 触发器级联的顶层原理图

【实验预习】

（1）数字系统的模块设计方法是什么？
（2）设计顶层文件的两种方法分别是什么？

【实验任务】

（1）利用实验 2.2 中的【实验原理】示例 3（7 段共阴式数码管显示译码电

路 DECL7S）和实验 2.3 中的【实验原理】示例 3（4 位可预置可清零加减可逆计数器 CHA6）已经设计好的程序完成顶层文件设计。

题目要求：将 7 段共阴式数码管显示译码电路 DECL7S 和 4 位可预置可清零加减可逆计数器 CHA6 连接在一起，形成可以直接显示结果的计数器。

题目分析：方法 1——将元器件 DECL7S 和 CHA6 进行元件例化，在 VHDL 语言所描述的程序中调用；方法 2——将生成的图元 DECL7S.SYM 和 CHA6.SYM 输入到原理图中，用 .GDF 文件连接生成顶层文件。但是，需要注意的是，【实验任务（1）】与【实验原理（1）】有一些区别，在于 CHA6 的输出信号不是一个 4 位信号，而是 4 个 1 位信号，在编程和原理图输入时需要注意。

（2）用原理图输入法将 12 进 1 计数器与 7 段译码显示模块级联，构成顶层文件。

题目要求：采用元件例化或者原理图的方法生成顶层文件，写出 VHDL 语言程序代码或者画出顶层电路图，并记录仿真波形。

（3）用 JK 触发器设计具有自启动功能的模 5 计数器。

题目要求：给出设计过程，写出 VHDL 语言程序代码或者画出电路图，并记录仿真波形。

（4）设计五十进制计数器（需要生成顶层文件）。

题目要求：采用元件例化或者原理图的方法生成顶层文件，写出 VHDL 语言程序代码或者画出顶层电路图，并记录仿真波形。

【实验设备与器材】

（1）计算机　　　　　　　　　　　　　1 台
（2）直流稳压电源　　　　　　　　　　1 台
（3）数字系统与逻辑设计实验开发板　　1 套

【实验报告要求】

（1）使用元件例化的方法由 VHDL 语言完成顶层文件的设计，写出 VHDL 语言程序代码或者用原理图输入的方法完成顶层文件的设计，画出电路图，两者任选其一。

（2）画出每个实验任务对应的仿真波形，并做出时间分析。

【思考题】

（1）实现元件例化时，需要注意哪些问题？

（2）顶层文件进行仿真时，输入信号赋值需要注意哪些问题？

实验 2.5　数字频率计的设计

【设计要求】

设计简易的数字频率计。

【功能要求】

输入方波信号，测量其频率。

【设计步骤】

（1）根据系统设计要求，采用自顶向下设计方法，由计数模块、锁存模块和控制模块三部分组成。画出系统的原理框图，并说明系统中各主要组成部分的功能。

（2）运用 VHDL 语言编写各个模块的 VHDL 源程序。

（3）根据选用的软件编译、仿真各底层模块文件。

（4）根据设计思路，形成顶层文件，完成设计与仿真。

【设计原理】

1. 设计思路

完成数字频率计的设计，需采用测频法（M 法），其原理如下：用一个标准的闸门信号（其周期为 T_C）对被测信号的重复周期数进行计数，如图 2-5-1 所示。当计数结果为 N_1 时，其信号频率为

$$f_1 = \frac{N_1}{T_C}$$

设在 T_C 期间，计数器的精确计数值为 N，计数的绝对误差为 ± 1，则相对计数误差为

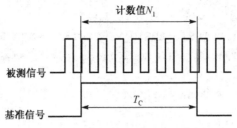

图 2-5-1　测频法测量原理示意图

$$\varepsilon_{N_1} = \frac{N_1 - N}{N} = \frac{N \pm 1 - N}{N} = \pm\frac{1}{N}$$

一般，取 T_C 为 1s，则有 $f_1 = N_1$，…，$f = N$，因此，测得频率的相对误差为

$$\varepsilon_{N_1} = \pm\frac{1}{f}$$

可见，信号频率越高，误差越小。因此，测频法适合于高频信号的测量，频率越高，测量精度越高。可以通过增大 T_C 的方法降低测量误差，但是 T_C 的增大会使测频响应时间变长。

2．分模块设计（各模块都用 VHDL 语言描述）

（1）计数模块 CNT10：十进制计数电路，CLR 为异步清零信号（高电平有效），EN 为计数使能信号（高电平有效），CLK 为计数脉冲（上升沿计数），COUT 为进位输出，CO 为计数值输出。

（2）锁存模块 LATCH_16：LOAD 上升沿锁存信号，DIN 为输入信号（16位），DO 为输出信号（16位）。

（3）控制模块 FRE_CTRL：CLKK 为输入时钟信号，电路将 CLKK 信号进行二分频，由 COUNT_EN 输出，LOAD 为 COUNT_EN 取反，COUNT_CLR 的频率为 CLKK 信号的 1/4，占空比为 1/4。

3．各模块 VHDL 语言参考程序

（1）计数模块 CNT10。

```
LIBRARY IEEE;
USE IEEE.STD_LOGIC_UNSIGNED.ALL;
USE IEEE.STD_LOGIC_1164.ALL;
ENTITY CNT10 IS
```

```
       PORT(EN,CLK,CLR : IN STD_LOGIC;
             CQ : OUT STD_LOGIC_VECTOR(3 DOWNTO 0);
             COUT : OUT STD_LOGIC);
   END CNT10;
   ARCHITECTURE BEHAV OF CNT10 IS
   BEGIN
     PROCESS(CLK,CLR,EN)
       VARIABLE CQI:STD_LOGIC_VECTOR(3 DOWNTO 0);
     BEGIN
      IF CLR='1' THEN CQI:=(OTHERS=>'0');
        ELSIF CLK'EVENT AND CLK='1' THEN
          IF EN='1' THEN
            IF CQI<9 THEN CQI:=CQI+1;
              ELSE CQI:=(OTHERS=>'0');
              END IF;
          END IF;
      END IF;
      IF CQI=9 THEN COUT<='1';
        ELSE COUT<='0';
      END IF;
     CQ<=CQI;
   END PROCESS;
   END BEHAV;
```

计数模块的仿真波形图如图 2-5-2 所示。

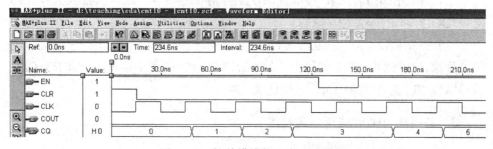

图 2-5-2　计数模块的仿真波形图

（2）锁存模块 LATCH_16。

```
LIBRARY IEEE;
USE IEEE.STD_LOGIC_1164.ALL;
```

```
ENTITY LATCH_16 IS
 PORT(LOAD : IN STD_LOGIC;
      DIN : IN STD_LOGIC_VECTOR(15 DOWNTO 0);
      QO : OUT STD_LOGIC_VECTOR(15 DOWNTO 0));
END LATCH_16;
ARCHITECTURE BEHAV OF LATCH_16 IS
BEGIN
  PROCESS(LOAD,DIN)
    BEGIN
      IF LOAD'EVENT AND LOAD='1' THEN
         QO<=DIN;
      END IF;
END PROCESS;
END BEHAV;
```

锁存模块的仿真波形图如图 2-5-3 所示。

图 2-5-3　锁存模块的仿真波形图

（3）控制模块 FRE_CTRL。

```
LIBRARY IEEE;
USE IEEE.STD_LOGIC_1164.ALL;
USE IEEE.STD_LOGIC_UNSIGNED.ALL;
ENTITY FRE_CTRL IS
PORT (CLKK : IN STD_LOGIC;
      COUNT_EN : OUT STD_LOGIC;
      LOAD : OUT STD_LOGIC;
      COUNT_CLR : OUT STD_LOGIC);
END FRE_CTRL;
ARCHITECTURE BEHAV OF FRE_CTRL IS
  SIGNAL DIV2CLK : STD_LOGIC;
  BEGIN
```

```
PROCESS(CLKK)
  BEGIN
    IF CLKK'EVENT AND CLKK='1' THEN
      DIV2CLK<=NOT DIV2CLK;
    END IF;
  END PROCESS;
PROCESS(CLKK,DIV2CLK)
  BEGIN
    IF CLKK='0' AND DIV2CLK='0' THEN COUNT_CLR<='1';
      ELSE COUNT_CLR<='0';
    END IF;
END PROCESS;
LOAD<=NOT DIV2CLK;
COUNT_EN<=DIV2CLK;
END BEHAV;
```

控制模块的仿真波形图如图 2-5-4 所示。

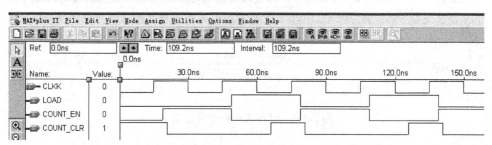

图 2-5-4　控制模块的仿真波形图

4. 顶层文件

F 为待测频率的信号，将 F 作为计数脉冲输入 4 个十进制计数器级联构成的一千进制计数器；CQ5 为总的计数值输出；这个计数器的使能信号为 EN，由控制电路 FRE_CTRL 控制；CLR 为清零信号；CLK 为时基信号，即测量在一个 CLK 周期内，F 共有多少个周期（F 有多少个上升沿）；使能信号在 CLK 一个周期内有效，在 CLK 一个周期后，锁存脉冲有效，可将在一个 CLK 周期内计数的 F 的上升沿数锁存输出；这时计数仍在继续，但是输出的是一个 CLK 周期结束时的计数值；之后产生清零信号使计数器清零，重新计数。各信号时序关系如图 2-5-5 所示。

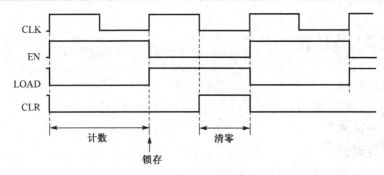

图 2-5-5 各信号时序关系图

设计的数字频率计顶层文件如图 2-5-6 所示。

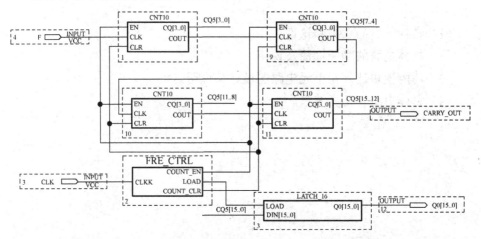

图 2-5-6 数字频率计顶层文件

数字频率计的仿真波形图如图 2-5-7 所示。取被测信号 F 的周期为 50ns，时钟信号 CLK 的周期为 100ns，显示输出为"0002"，即在 100ns 信号时间内，F 的频率为 2，结果正确。

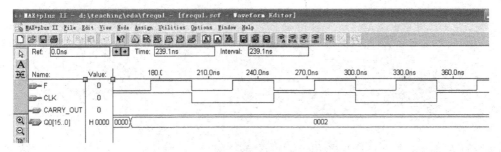

图 2-5-7 数字频率计的仿真波形图

【实验设备与器材】

(1) 计算机　　　　　　　　　　　1 台
(2) 直流稳压电源　　　　　　　　1 台
(3) 示波器　　　　　　　　　　　1 台
(4) 万用表　　　　　　　　　　　1 台
(5) EDA 开发板及相应元器件　　　1 套

【实验报告要求】

(1) 设计方案的选择和论证。
(2) 总体电路的功能框图及说明。
(3) 功能模块选择及单元电路的设计与说明。
(4) 总体电路的仿真波形。

实验 2.6 数字时钟的设计

【设计要求】

设计数字时钟。

【功能要求】

（1）具有时、分、秒计数显示功能，以 24 小时循环计时。

（2）具有复位，使能，调节小时、分钟的功能。

（3）具有整点报时功能。

【设计步骤】

（1）根据系统设计要求，采用自顶向下设计方法，由秒计数模块、分计数模块、时计数模块、整点报时模块、动态扫描显示模块和 8 段数码管译码模块 6 部分组成。画出系统的原理框图，并说明系统中各主要组成部分的功能。

（2）运用 VHDL 语言编写各个模块的 VHDL 源程序。

（3）根据选用的软件编译、仿真各底层模块文件。

（4）根据设计思路，形成顶层文件，完成设计与仿真。

【设计原理】

1．设计思路

（1）时钟计数。

● 秒——六十进制，BCD 码计数。

● 分——六十进制，BCD 码计数。

● 时——二十四进制，BCD 码计数。

同时，整个计数器有复位、使能、调时、调分功能。

（2）6 位 8 段共阳极数码管动态扫描显示时、分、秒，按提供的 8421 BCD 码经译码电路后成为 8 段数码管的字形显示驱动信号 a，b，c，d，e，f，g，h。

动态扫描电路通过可调时钟输出片选驱动信号，地址为 SEL[2...0]。由这个地址和字形动态显示驱动信号决定哪个数码管显示以及显示什么字形。同时，SEL[2...0]变化的快慢取决于扫描频率的快慢。这里采用的是动态显示的方法。

2. 分模块设计（各模块都使用 VHDL 语言描述）

分模块设计包括秒计数模块及时钟控制模块 SECOND.VHD、分计数模块及时钟控制模块 MINUTE.VHD、时计数模块及时钟控制模块 HOUR.VHD、整点报时模块 ALERT.VHD、动态扫描显示模块 SELTIME.VHD、8 段数码器译码模块 DELED.VHD。

（1）秒计数模块及时钟控制模块（SECOND.VHD）的 VHDL 源程序。

```
LIBRARY IEEE;
USE IEEE.STD_LOGIC_1164.ALL;
USE IEEE.STD_LOGIC_UNSIGNED.ALL;
ENTITY SECOND IS
PORT(RESET,CLK,SETMIN : IN STD_LOGIC;
DAOUT : OUT STD_LOGIC_VECTOR(7 DOWNTO 0);
ENMIN : OUT STD_LOGIC);
END SECOND;
ARCHITECTURE BEHAV OF SECOND IS
SIGNAL COUNT : STD_LOGIC_VECTOR(3 DOWNTO 0);
SIGNAL COUNTER : STD_LOGIC_VECTOR(3 DOWNTO 0);
SIGNAL CARRY_OUT1 : STD_LOGIC;
SIGNAL CARRY_OUT2 : STD_LOGIC;
BEGIN
P1: PROCESS(RESET,CLK)
BEGIN
IF RESET='0' THEN
COUNT<="0000";
COUNTER<="0000";
ELSIF(CLK'EVENT AND CLK='1') THEN
IF (COUNTER<5) THEN
IF (COUNT=9) THEN
```

```
COUNT<="0000";
COUNTER<=COUNTER + 1;
ELSE
COUNT<=COUNT+1;
END IF;
CARRY_OUT1<='0';
ELSE
IF (COUNT=9) THEN
COUNT<="0000";
COUNTER<="0000";
CARRY_OUT1<='1';
ELSE
COUNT<=COUNT+1;
CARRY_OUT1<='0';
END IF;
END IF;
END IF;
END PROCESS;
DAOUT(7 DOWNTO 4)<=COUNTER;
DAOUT(3 DOWNTO 0)<=COUNT;
ENMIN<=CARRY_OUT1 OR SETMIN;
END BEHAV;
```

（2）分计数模块及时钟控制模块的 VHDL 源程序（MINUTE.VHD）。

```
LIBRARY IEEE;
USE IEEE.STD_LOGIC_1164.ALL;
USE IEEE. STD_LOGIC_UNSIGNED.ALL;
ENTITY MINUTE IS
PORT(RESET,CLK,SETHOUR: IN STD_LOGIC;
DAOUT : OUT STD_LOGIC_VECTOR(7 DOWNTO 0);
ENHOUR : OUT STD_LOGIC);
END MINUTE;
ARCHITECTURE BEHAV OF MINUTE IS
SIGNAL COUNT : STD_LOGIC_VECTOR(3 DOWNTO 0);
SIGNAL COUNTER : STD_LOGIC_VECTOR(3 DOWNTO 0);
SIGNAL CARRY_OUT1 : STD_LOGIC;
SIGNAL CARRY_OUT2 : STD_LOGIC;
```

```
BEGIN
P1: PROCESS(RESET,CLK)
BEGIN
IF RESET='0' THEN
COUNT<="0000";
COUNTER<="0000";
ELSIF(CLK'EVENT AND CLK='1') THEN
IF (COUNTER<5) THEN
IF (COUNT=9) THEN
COUNT<="0000";
COUNTER<=COUNTER + 1;
ELSE
COUNT<=COUNT+1;
END IF;
CARRY_OUT1<='0';
ELSE
IF (COUNT=9) THEN
COUNT<="0000";
COUNTER<="0000";
CARRY_OUT1<='1';
ELSE
COUNT<=COUNT+1;
CARRY_OUT1<='0';
END IF;
END IF;
END IF;
END PROCESS;
P2: PROCESS(CLK)
BEGIN
IF(CLK'EVENT AND CLK='0') THEN
IF (COUNTER=0) THEN
IF (COUNT=0) THEN
CARRY_OUT2<='0';
END IF;
ELSE
CARRY_OUT2<='1';
```

```
END IF;
END IF;
END PROCESS;
DAOUT(7 DOWNTO 4)<=COUNTER;
DAOUT(3 DOWNTO 0)<=COUNT;
ENHOUR<=(CARRY_OUT1 AND CARRY_OUT2) OR SETHOUR;
END BEHAV;
```

（3）时计数模块及时钟控制模块的 VHDL 源程序（HOUR.VHD）。

```
LIBRARY IEEE;
USE IEEE.STD_LOGIC_1164.ALL;
USE IEEE. STD_LOGIC_UNSIGNED.ALL;
ENTITY HOUR IS
PORT(RESET,CLK : IN STD_LOGIC;
DAOUT : OUT STD_LOGIC_VECTOR(7 DOWNTO 0));
END HOUR;
ARCHITECTURE BEHAV OF HOUR IS
SIGNAL COUNT : STD_LOGIC_VECTOR(3 DOWNTO 0);
SIGNAL COUNTER : STD_LOGIC_VECTOR(3 DOWNTO 0);
BEGIN
P1: PROCESS(RESET,CLK)
BEGIN
IF RESET='0' THEN
COUNT<="0000";
COUNTER<="0000";
ELSIF(CLK'EVENT AND CLK='1') THEN
IF (COUNTER<2) THEN
IF (COUNT=9) THEN
COUNT<="0000";
COUNTER<=COUNTER + 1;
ELSE
COUNT<=COUNT+1;
END IF;
ELSE
IF (COUNT=3) THEN
COUNT<="0000";
COUNTER<="0000";
```

```
ELSE
COUNT<=COUNT+1;
END IF;
END IF;
END IF;
END PROCESS;
DAOUT(7 DOWNTO 4)<=COUNTER;
DAOUT(3 DOWNTO 0)<=COUNT;
END BEHAV;
```

（4）整点报时模块的 VHDL 源程序（ALERT.VHD）。

```
LIBRARY IEEE;
USE IEEE.STD_LOGIC_1164.ALL;
USE IEEE.STD_LOGIC_UNSIGNED.ALL;
ENTITY ALERT IS
PORT(
CLKSPK : IN STD_LOGIC;
SECOND : IN STD_LOGIC_VECTOR(7 DOWNTO 0);
MINUTE : IN STD_LOGIC_VECTOR(7 DOWNTO 0);
SPEAK : OUT STD_LOGIC;
LAMP : OUT STD_LOGIC_VECTOR(8 DOWNTO 0));
END ALERT;
ARCHITECTURE BEHAV OF ALERT IS
SIGNAL DIVCLKSPK2 : STD_LOGIC;
BEGIN
P1: PROCESS(CLKSPK)
BEGIN
IF (CLKSPK'EVENT AND CLKSPK='1') THEN
DIVCLKSPK2<=NOT DIVCLKSPK2;
END IF;
END PROCESS;
P2: PROCESS(SECOND,MINUTE)
BEGIN
IF (MINUTE="01011001") THEN
CASE SECOND IS
WHEN"01010001"=>LAMP<="000000001";
SPEAK<=DIVCLKSPK2;
```

```vhdl
WHEN "01010010"=>LAMP<="000000010";
SPEAK<='0';
WHEN "01010011"=>LAMP<="000000100";
SPEAK<=DIVCLKSPK2;
WHEN "01010100"=>LAMP<="000001000";
SPEAK<='0';
WHEN "01010101"=>LAMP<="000010000";
SPEAK<=DIVCLKSPK2;
WHEN "01010110"=>LAMP<="000100000";
SPEAK<='0';
WHEN "01010111"=>LAMP<="001000000";
SPEAK<=DIVCLKSPK2;
WHEN "01011000"=>LAMP<="010000000";
SPEAK<='0';
WHEN "01011001"=>LAMP<="100000000";
SPEAK<=CLKSPK;
WHEN OTHERS=>LAMP<="000000000";
END CASE;
END IF;
END PROCESS;
END BEHAV;
```

（5）动态扫描显示模块的 VHDL 源程序（SELTIME.VHD）。

```vhdl
LIBRARY IEEE;
USE IEEE.STD_LOGIC_1164.ALL;
USE IEEE.STD_LOGIC_UNSIGNED.ALL;
ENTITY SELTIME IS
PORT(
CKDSP : IN STD_LOGIC;
RESET : IN STD_LOGIC;
SECOND : IN STD_LOGIC_VECTOR(7 DOWNTO 0);
MINUTE : IN STD_LOGIC_VECTOR(7 DOWNTO 0);
HOUR : IN STD_LOGIC_VECTOR(7 DOWNTO 0);
DAOUT : OUT STD_LOGIC_VECTOR(3 DOWNTO 0);
SEL : OUT STD_LOGIC_VECTOR(2 DOWNTO 0));
END SELTIME;
ARCHITECTURE BEHAV OF SELTIME IS
```

```
SIGNAL SEC : STD_LOGIC_VECTOR(2 DOWNTO 0);
BEGIN
PROCESS(RESET,CKDSP)
BEGIN
IF(RESET='0') THEN
SEC<="000";
ELSIF(CKDSP'EVENT AND CKDSP='1') THEN
IF(SEC="101") THEN
SEC<="000";
ELSE
SEC<=SEC+1;
END IF;
END IF;
END PROCESS;
PROCESS(SEC,SECOND,MINUTE,HOUR) BEGIN
CASE SEC IS
WHEN "000"=>DAOUT<=SECOND(3 DOWNTO 0);
WHEN "001"=>DAOUT<=SECOND(7 DOWNTO 4);
WHEN "010"=>DAOUT<=MINUTE(3 DOWNTO 0);
WHEN "011"=>DAOUT<=MINUTE(7 DOWNTO 4);
WHEN "100"=>DAOUT<=HOUR(3 DOWNTO 0);
WHEN "101"=>DAOUT<=HOUR(7 DOWNTO 4);
WHEN OTHERS=>DAOUT<="XXXX";
END CASE;
END PROCESS;
SEL<=SEC;
END BEHAV;
```

（6）8 段数码管译码显示模块的的 VHDL 源程序（DELED.VHD）。

```
LIBRARY IEEE;
USE IEEE.STD_LOGIC_1164.ALL;
ENTITY DELED IS
PORT(
S: IN STD_LOGIC_VECTOR(3 DOWNTO 0);
A,B,C,D,E,F,G,H: OUT STD_LOGIC);
END DELED;
ARCHITECTURE BEHAV OF DELED IS
```

```vhdl
SIGNAL DATA:STD_LOGIC_VECTOR(3 DOWNTO 0);
SIGNAL DOUT:STD_LOGIC_VECTOR(7 DOWNTO 0);
BEGIN
DATA<=S;
PROCESS(DATA)
BEGIN
CASE DATA IS
WHEN "0000"=>DOUT<="00111111";
WHEN "0001"=>DOUT<="00000110";
WHEN "0010"=>DOUT<="01011011";
WHEN "0011"=>DOUT<="01001111";
WHEN "0100"=>DOUT<="01100110";
WHEN "0101"=>DOUT<="01101101";
WHEN "0110"=>DOUT<="01111101";
WHEN "0111"=>DOUT<="00000111";
WHEN "1000"=>DOUT<="01111111";
WHEN "1001"=>DOUT<="01101111";
WHEN "1010"=>DOUT<="01110111";
WHEN "1011"=>DOUT<="01111100";
WHEN "1100"=>DOUT<="00111001";
WHEN "1101"=>DOUT<="01011110";
WHEN "1110"=>DOUT<="01111001";
WHEN "1111"=>DOUT<="01110001";
WHEN OTHERS=>DOUT<="00000000";
END CASE;
END PROCESS;
H<=DOUT(7);
G<=DOUT(6);
F<=DOUT(5);
E<=DOUT(4);
D<=DOUT(3);
C<=DOUT(2);
B<=DOUT(1);
A<=DOUT(0);
END BEHAV;
```

3. 顶层文件设计

（1）端口确定。

① 代表复位、调时、调分信号的 RESET、SETMIN、SETHOUR 引脚分别连接按键开关（K_1、K_2、K_3）。

② 计数时钟信号 CLK、扫描时钟信号 CKDSP、整点报时音频信号 CLKSPK 的引脚分别连接时钟源的 1Hz、32768Hz、1024Hz。

③ SPEAK：用于驱动扬声器。

④ LAMP：用于整点报时时驱动 LED 指示灯闪烁。

⑤ SEL：不仅用于驱动 8 段显示译码器，另外用于后续连接的 74LS138 译码器（书中没有给出，需学生自行设计）的地址信号，以驱动 6 个数码管进行动态显示。

（2）顶层文件。

数字时钟顶层文件原理图输入参考文件如图 2-6-1 所示。

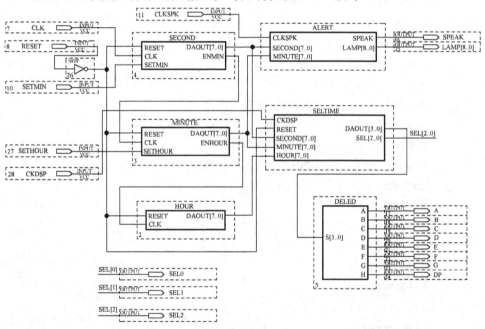

图 2-6-1 数字时钟顶层文件

【实验设备与器材】

（1）计算机　　　　　　　　　　　　　　　1 台

（2）直流稳压电源　　　　　　　　　　　1 台

（3）示波器　　　　　　　　　　　　　　1 台

（4）万用表　　　　　　　　　　　　　　1 台

（5）EDA 开发板及相应元器件　　　　　　1 套

【实验报告要求】

（1）设计方案的选择和论证。

（2）总体电路的功能框图及说明。

（3）功能模块选择及单元电路的设计及说明。

（4）总体电路的仿真波形。

实验 2.7　自动售货机的设计

【设计要求】

设计简易自动售货机。

【功能要求】

简易自动售货机可销售矿泉水，假设每瓶 1.5 元。设两个投币孔，分别接收 1 元和 0.5 两种硬币；两个输出口，分别输出购买的商品和找零。假设每次只能投入一枚 1 元或一枚 0.5 元硬币，投入 1.5 元硬币后机器自动给出一瓶矿泉水；投入 2 元硬币后，在给出一瓶矿泉水的同时找回一枚 0.5 元的硬币。另外设置一个复位按钮，当复位按钮按下时，自动售货机回到初始状态。

【设计步骤】

（1）根据系统设计要求，采用状态分析方法设计。
（2）完成设计与仿真。

【设计原理】

1．状态定义

S0 表示初态，S1 表示投入 0.5 元硬币，S2 表示投入 1 元硬币，S3 表示投入 1.5 元硬币，S4 表示投入 2 元硬币。自动售货机状态转换图如图 2-7-1 所示。

2．输入信号

取投币信号为输入逻辑变量，用两位的矢量 state_inputs 表示。state_inputs(0) 表示投入 1 元硬币，state_inputs(1) 表示投入 0.5 元硬币。输入信号为 1 表示投入硬币，输入信号为 0 表示未投入硬币。

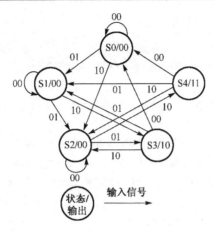

图 2-7-1 自动售货机状态转换图

3. 输出信号

给出矿泉水和找零为两个输出变量，用两位的矢量 comb_outputs 表示。comb_outputs(0)表示输出矿泉水，comb_outputs(1)表示找回 0.5 元零钱。输出信号为 1 表示输出矿泉水或找零，输出信号为 0 表示不输出矿泉水或不找零。

根据图 2-7-1 所示的状态转换图，用 VHDL 语言中的 CASE_WHEN 结构和 IF_THEN_ELSE 语句来实现该控制功能，源程序如下：

```
LIBRARY IEEE;                                --库和程序包的使用说明
USE IEEE.STD_LOGIC_1164.ALL;
ENTITY sellmachine IS                        --实体定义
PORT(clk,reset:   IN  std_logic;
state_inputs:IN  std_logic_vector(0 TO 1);
comb_outputs:OUT std_logic_vector(0 TO 1));
END sellmachine;
ARCHITECTURE state OF sellmachine IS          --结构体
TYPE fsm_st IS (S0,S1,S2,S3,S4);              --状态枚举类型定义
SIGNAL current_state,next_state:fsm_st;       --状态信号的定义
BEGIN
reg:PROCESS(reset,clk)                         --时序进程
BEGIN
IF reset='1' THEN current_state<=S0;          --异步复位
ELSIF rising_edge(clk) THEN
current_state<=next_state;                     --状态转换
```

```
END IF;
END PROCESS;
corn:PROCESS(current_state,state_inputs)    --组合进程
BEGIN
CASE current_state IS
WHEN S0=>comb_outputs<="00";              --现态 S0
IF  state_inputs<="00" THEN next_state<=S0; --输入不同，次态不同
ELSIF state_inputs<="01" THEN next_state<=S1;
ELSIF state_inputs<="10" THEN next_state<=S2;
END IF;
WHEN S1=>comb_outputs<="00";              --现态 S1
IF  state_inputs<="00" THEN next_state<=S1; --输入不同，次态不同
ELSIF state_inputs<="01" THEN next_state<=S2;
ELSIF state_inputs<="10" THEN next_state<=S3;
END IF;
WHEN S2=>comb_outputs<="00";              --现态 S2
IF  state_inputs<="00" THEN next_state<=S2;  --输入不同，次态不同
ELSIF state_inputs<="01" THEN next_state<=S3;
ELSIF state_inputs<="10" THEN next_state<=S4;
END IF;
WHEN S3=>comb_outputs<="10";              --现态 S3
IF  state_inputs<="00" THEN next_state<=S0;  --输入不同，次态不同
ELSIF state_inputs<="01" THEN next_state<=S1;
ELSIF state_inputs<="10" THEN next_state<=S2;
END IF;
WHEN S4=>comb_outputs<="11";              --现态 S4
IF  state_inputs<="00" THEN next_state<=S0;  --输入不同，次态不同
ELSIF state_inputs<="01" THEN next_state<=S1;
ELSIF state_inputs<="10" THEN next_state<=S2;
END IF;
END CASE;
END PROCESS;
END state;
```

自动售货机仿真图如图 2-7-2 所示。当输入状态为"2"，即"10"时表示投入 1 枚 0.5 元硬币，没有投入 1 元硬币，因此对应输出为"00"，表示没有出货且不找零；当输入状态为"3"，即"11"时，表示投入了 1 枚 0.5 元和 1 枚 1 元硬币，对应输出为"10"，表示输出货物且不找零。

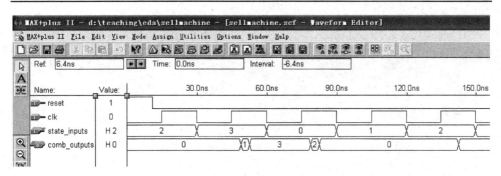

图 2-7-2 自动售货机仿真波形图

【实验设备与器材】

（1）计算机　　　　　　　　　　　　1 台
（2）直流稳压电源　　　　　　　　　1 台
（3）示波器　　　　　　　　　　　　1 台
（4）万用表　　　　　　　　　　　　1 只
（5）EDA 开发板及相应元器件　　　　1 套

【实验报告要求】

（1）设计方案的选择和论证。
（2）总体电路的功能框图及说明。
（3）功能模块选择及单元电路的设计及说明。
（4）总体电路的仿真波形。

附　　录

附录 A　常用集成电路型号对照表与引出端排列图

【使用说明】

（1）本附录仅收集了部分常用集成电路供实验时查阅。在进行综合实验时，设计选用其他器件，可查阅其他手册。

（2）74LS 型号共有 4 个系列，本附录中仅使用表示品种代号的三位数字尾数来表示，并在尾数的左上角加一直撇。例如：'020 表示包括 74LS1020，74LS2020，74LS3020 和 74LS4020 等 4 种器件。

（3）常用集成电路型号对照表（参见表 A-1 和表 A-2）中列出了与 CT0000 系列器件逻辑功能相同的原机械工业部标准符号 T000 系列型号和部分生产厂型号，以及 CMOS 电路的 CC4 系列和 C000 系列中的相应型号。此外，还列出了少量国际系列中无相应型号的 T000 系列器件，供实验选用。

（4）常用集成电路引出端排列图（见图 A-1）按 74LS 系列和 T000 系列器件型号的顺序编排，每一种排列图除标有型号（包括排列相同的相应器件型号）外，还提供这种器件在本书中的有关资料供使用时查询。

表 A-1　常用集成电路型号对照表（一）

器 件 名 称	型　　　号	参 考 型 号
1024×4 静态随机存取存储器	2114A	2114
2048×8 静态随机存取存储器	6116	
8 通道 8 位 A/D 转换器	ADC0809	
3½位双积分 A/D 转换器	CC14433	
555 时基电路	555	5G1555、CC7555
通用 III 型运算放大器	F007	5G24、μA741
七段发光二极管数码管（共阴）单字	BS207	LC—50x1—11
七段发光二极管数码管（共阴）双字	BS321201	LC—50x2—12
寄存—译码—数字显示器	CL002	CH283L
记数—寄存—译码—数字显示器	CL102	CH284L

表 A-2　常用集成电路型号对照表（二）

器件名称	TTL 电路			CMOS 电路	
	74LS 系列	T000 系列	其他型号	CC 系列	C000 系列
四 2 输入与非门	'000	T065	M41、T24	4011Δ	C036
四 2 输入与非门（OC）	'003	T066	M40　、SM3402		
六反相器	'004	T082		4069	C033
双 4 输入与非门	'020	T063	M21、T21	4012Δ	C034
4 线-7 段译码器/驱动器（BCD 输入，有上拉电阻）	'048			4511Δ	
4 路 4-2-3-2 输入与或非门	'064	T072Δ	M51Δ		
与门输入主从 J-K 触发器（有预置、清除端）	'072		Z63Δ	4013Δ	C043
双上升沿 D 触发器	'074	T077	D64		
四 2 输入异或门	'086	T690		4070Δ	C660
双下降沿 J-K 触发器	'112	T079			
双可重触发单稳态触发器（有清除端）	'123		J156	14528Δ	J210Δ
四总线缓冲器（3S）	'125				
3 线-8 线译码器	'138	T330Δ			
双 4 选 1 数据选择器（有使能输入端）	'153	T574		14539	
十进制可预置同步计数器（异步清除）	'160	T216		40160	
4 位二进制可预置同步计数器（异步清除）	'161	T214		40161	
双进位保留全加器	'183	T694		C661Δ	
十进制可预置同步加/减计数器	'190			4510Δ	C188Δ
4 位二进制可预置同步加/减计数器	'191			4516Δ	C189Δ
十进制可预置同步加/减计数器（双时钟）	'192	T217		40192	C181
4 位二进制可预置同步加/减计数器（双时钟）	'193	T215		40193	C184
4 位双向移位寄存器（并行存取）	'194	T453		40194	C422
双 4 选 1 数据选择器（3S）	'253	T575			

续表

器件名称	TTL 电路			CMOS 电路	
	74LS 系列	T000 系列	其他型号	CC 系列	C000 系列
4 位二进制超前进位全加器	'283	T693		4008△	C662
二-五-十进制异步计数器	'290	T210△			
双异或门		T075	T54、SM6201		
单 D 触发器		T076	C31、SC3101		
单 J-K 触发器		T078	C11		

注：△——表示功能相同、引脚排列次序不同的器件。

CC 系列电源端 V_{DD}、V_{SS} 与 74LS 系列电源端 V_{CC}、地端对应。

CC 系列的 40192、40193 和 C000 系列的 C181、C184 与 74LS 系列的 '192、'193 的引出端排列基本相同，仅 CPU 和 CPD 两引出端位置对调。

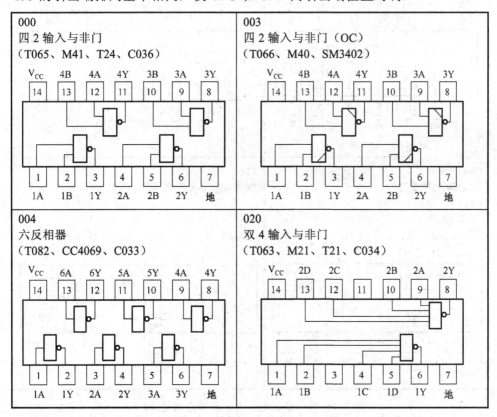

图 A-1　常用集成电路引出端排列图

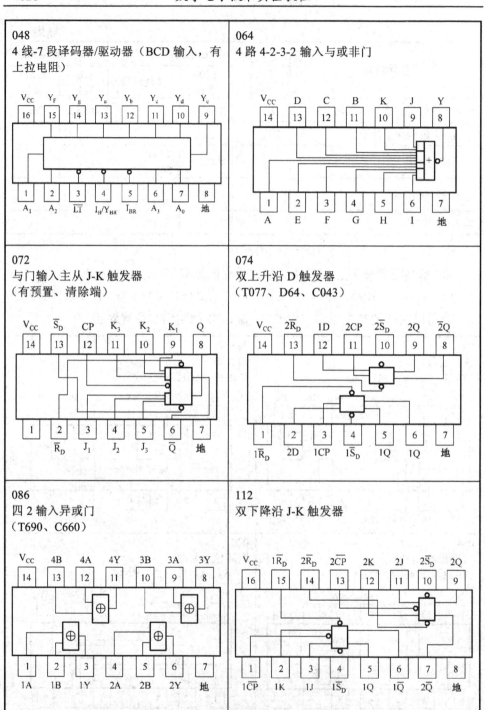

图 A-1　常用集成电路引出端排列图（续）

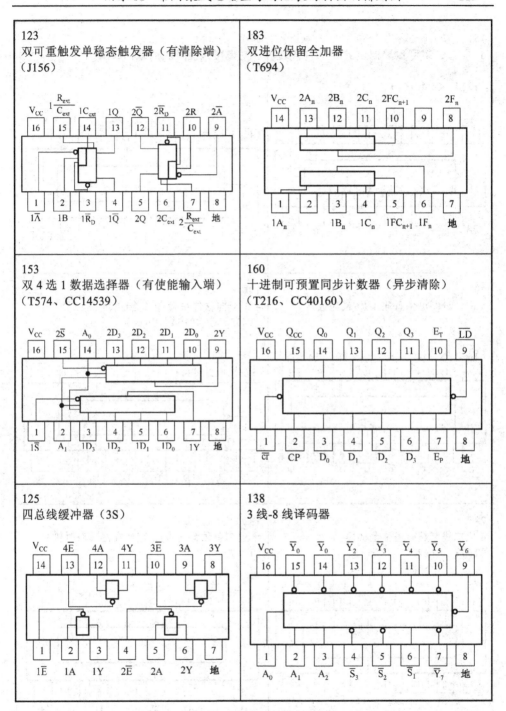

图 A-1　常用集成电路引出端排列图（续）

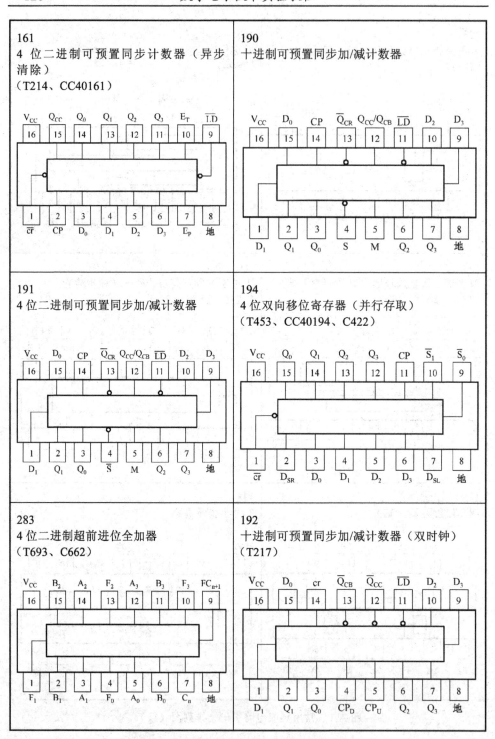

图 A-1　常用集成电路引出端排列图（续）

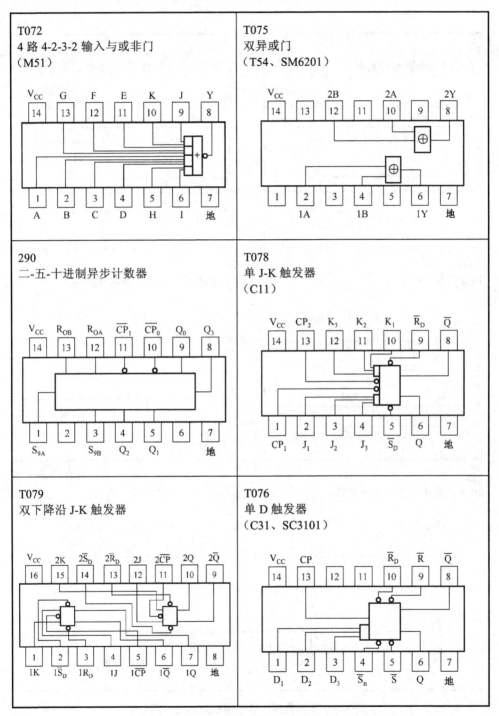

图 A-1　常用集成电路引出端排列图（续）

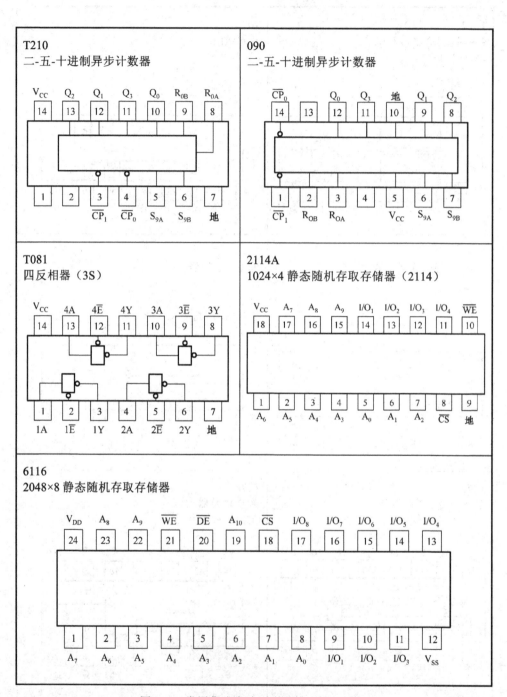

图 A-1　常用集成电路引出端排列图（续）

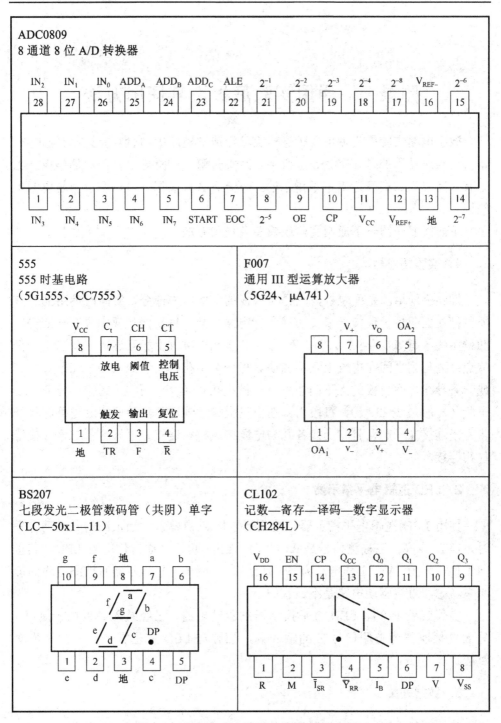

图 A-1　常用集成电路引出端排列图（续）

附录 B 通用实验底板及其使用方法

数字电路实验广泛使用各种逻辑实验箱或实验底板,它们的结构大同小异。本书实验所使用的是 YB3262 型数字电路实验箱,实验箱中有 3 块插座板,上方有 8 路发光二极管逻辑电平指示器,下方有 8 只数据开关,右上角是电源接线柱。

下面简要介绍一下通用实验底板及其使用方法。

1. 实验插座板

插座板使用的是面包板,它是实验板的主要组成部分,实验时使用的所有器件都在面包板上连接插线,实现各种电路功能。每块面包板中央有一凹槽,凹槽两边各有 59 列小孔,每一列的 5 个小孔在电气上相互连通,相当于一个节点;列与列之间在电气上互不相通。每一个小孔内允许插入一个元器件引脚或一条导线。面包板的上下两边各有一排小孔(50 个小孔),每排小孔分为若干段(一般是 2~3 段),每段内部在电气上相互连通。实验底板通过外部接线将各段连接在一起,且将上排各孔与电源接线柱相连接,下排各孔与地线接线柱相连接。

2. LED 逻辑电平指示器

使用 LED 逻辑电平指示器。被测信号从 Z 点输入,当被测信号是高电平时,LED 点亮;当被测信号是低电平时,LED 熄灭。通常使用的 LED,其正向工作压降为 2V,工作电流为 5~10mA。从减少电平指示器对被测电路的影响来考虑,直接驱动电路是不适宜的。

实验底板上 8 路 LED 电平指示器的驱动电路,已经装入底板内,使用 1 只 8 孔插座作为被测信号 Z 的输入端,插孔与 LED 在位置上自左向右依次对应。

3. 数据开关

数据开关是利用手动的机械开关,为实验提供 0 或 1 信号的装置。1 个数据开关可以同时提供两个互补的逻辑值，因此 8 个开关需要有 2 只 8 孔插座以便输出 16 个信号。在插座上，每两个相邻孔成为一对，输出 1 个开关提供 1 对互补信号，开关与每对插孔的位置，自左向右依次对应。

实验约定：每一对插孔中，左边孔为原变量输出，右边孔为反变量输出。那么，当开关向上扳时，原变量输出为 1；开关向下扳时，原变量输出为 0。

4．集成电路

实验板上使用双列直插结构的集成电路，两排引脚分别插在面包板中间凹槽上下两侧的小孔中。在插拔集成电路时要非常小心：插入时，要使所有集成电路的引脚对准小孔，均匀用力插入；拔出时，必须用专门的拔钳，向正上方均匀用力拔出，以免因受力不均匀而使引脚弯曲或断裂。为了防止在插拔过程中使集成电路受损，可以把集成电路预先插在相同引脚数的插座上，把连有插座的集成电路作为一个整体在面包板上使用，插拔就较为方便了。

在整个实验板上，元器件布局要合理。所有集成电路应以相同正方向插入，这样就有利于电路布线和故障检查了。为了缩短外接导线长度而把集成电路倒插是不合适的。其他各种器件也应排列有序、位置合理。

5．布线

导线使用线径为 0.5mm 的塑料单股导线，要求线头剪成 45°斜口方便导线插入。线头剥线长度约为 8mm，在使用时应能全部插入面包板。这样既能保证导线接触良好，又避免裸线部分露在外面，与其他导线发生短路。

布线是完成实验任务的重要环节，要求走线整齐、清楚，切忌混乱，并尽可能使用不同颜色的导线，以便区分。布线次序一般是先布电源线和地线，再布固定电平的规则线，最后按照信号流程逐级连接各逻辑控制线。切忌无次序连接，以免漏线。必要时还可以连接一部分电路测试一部分电路，逐级进行。

导线应在集成电路块周围走线，切忌在集成块上方悬空跨过。应避免导线之间的互相交叉重叠，并注意不要过多地遮盖其他插孔，所有走线尽可能贴近面包板表面。在合理布线的前提下，导线尽可能短些。清楚和规则的布线，有利于实现电路功能，并为检查和排除电路故障提供方便。任何草率凌乱的接线，都会给测试电路功能和检查与排除电路故障带来极大的困难，因此是不可取的。

附录 C　Maxplus II 软件介绍

1．Maxplus II 的集成环境

Maxplus II 集成环境包括标题栏、菜单栏、工具栏和工作显示区，如图 C-1 所示。

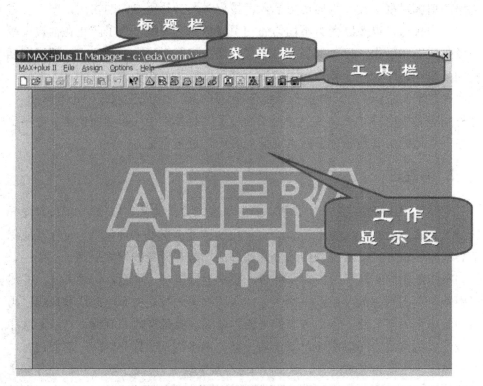

图 C-1　Maxplus II 集成环境主界面

2．Maxplus II 菜单介绍

（1）主界面。

Maxplus II 的主界面有标题栏、菜单栏和工具栏，如图 C-2 所示。

图 C-2 Maxplus II 的主界面

标题栏指示当前文件保存的路径。

（2）菜单栏。

菜单栏有 5 项，一般先启用"Maxplus"和"File"两项，"Help"随时可用，"Assign"和"Options"两项在编辑区使用。"Maxplus II"的下拉菜单包括了该软件的功能，可称为主菜单，如图 C-3 所示。

图 C-3 Maxplus II 下拉菜单

由图 C-3 可知："Hierarchy Display"表示设计体系显示窗；"Graphic Editor"表示逻辑图设计编辑器；"Symbol Editor"表示逻辑图符编辑器；"Text Editor"表示硬件设计语言程序编辑器；"Waveform Editor"表示波形编辑器；"Floorplan Editor"表示底层引脚编辑器；"Compiler"表示对逻辑设计进行编译，产生用于仿真和下载的输入文件；"Simulator"表示输入/输出信号仿真，确保逻辑功能正确；"Timing Analyzer"表示时间分析；"Programmer"表示将电路文件编译后的代码下载（或称为烧写）到硬件上；"Message Processor"表示编译后产生的信息窗口。

"File"的下拉菜单用于文件操作，如图 C-4 所示。Project 是针对一个设计而言，不管电路是简单还是复杂。

由图 C-4 可知："Project"表示对一个项目的操作；"New…"表示新建一

个项目；"Open…"表示打开某个项目中文件；"Hierarchy Project Top"表示显示当前项目的顶层设计；"MagaWizard Plug-In Manager"表示参数型逻辑功能块插件向导。

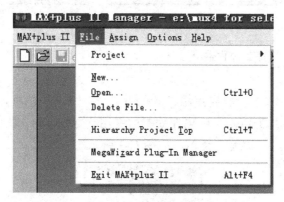

图 C-4 "File"下拉菜单

（3）工具栏。

工具栏在主界面中除了最左边两个快捷键可用外，其余的按键在编辑区中使用。

从 Maxplus II 主界面的主菜单、文件菜单和工具栏这三处都可进入编辑区。最快捷的方法是单击 □ 图标弹出"New"对话框，如图 C-5 所示。

图 C-5 "New"对话框

由图 C-5 可知："Graphic Editor file"表示图形编辑器，用于逻辑图设计，如文件格式为*.gdf；"Symbol Editor file"表示符号编辑器，可编辑或创建符号文件，文件格式为*.sym；"Text Editor file"表示文本编辑器，用于多种硬件设计语言的逻辑电路设计；"Waveform Editor file"表示波形编辑器，既可用来设计电路，产生*.wdf 文件，又可用来观察和输入仿真波形，文件格式为*.scf。

图形编辑器如图 C-6 所示，菜单栏和工具栏都扩展了。

图 C-6 图形编辑器

文本编辑器如图 C-7 所示。

图 C-7 文本编辑器

注意：文本编辑器和图形编辑器的菜单栏有差别，这是因它们各自工作方式不同而定制的。

"Assign"下拉菜单如图 C-8 所示。

由图 C-8 可知："Device"表示器件设定；"Pin/Location/Chip"表示引脚/位置/芯片设定；"Timing Requirements…"表示时间属性设定；"Clique…"表示集合设定；"Logic Options…"表示逻辑属性设定；"Probe…"表示探针设定；"Connected Pins…"表示互联引脚设定；"Local Routing…"表示局部布线设定；"Global Project Device Options…"表示项目全局设定；"Ignore Project Assignments…"表示消除项目设定；"Clear Project Assignments…"表示回注项目；"Back-Annotate Project…"表示转换设定格式。

"Options"下拉菜单如图 C-9 所示。

图 C-8 "Assign"下拉菜单

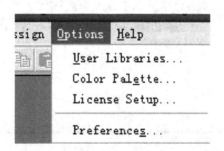

图 C-9 "Options"菜单栏

由图 C-9 可知："User Libraries…"表示使用户确定自己的库，包括图元文件和设计文件等；"Color Palette…"表示打开颜色调整对话框；"License Setup …"表示打开"License Setup"对话框，使用户确认 License.dat 文件的位置，使软件通过授权，全部功能都能使用。

其中"User Libraries…"选项使用户对软件进行一些特性选择，如是否在关闭软件前请示用户、是否显示工具栏等，如图 C-10 所示。

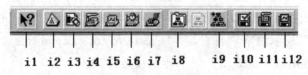

图 C-10 "User Libraries"工具栏

由图 C-10 可知：i1 为上下文相关帮助按钮；i2 为打开层次显示器窗口；i3 为打开平面编辑器窗口；i4 为打开编辑器窗口；i5 为打开仿真器窗口；i6 为打开定时分析器窗口；i7 为打开编程器窗口；i8 为工程名确认按钮；i9 为顶层工程按钮；i10 为工程存盘和检测按钮；i11 为工程存盘编译按钮；i12 为工程存盘仿真按钮。

3．输入方法

输入方法不同，生成的文件格式也不同，如图 C-11 所示。

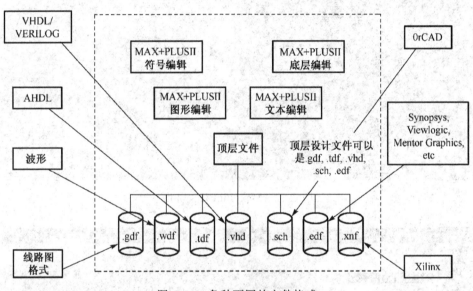

图 C-11　各种不同的文件格式

4．软件使用步骤

以三人表决器为例，F＝AB＋BC＋AC，用原理图输入法设计电路。

1）实验步骤 1：打开 Maxpluss II 主界面

打开软件：从 Windows 开始菜单栏上的图标 `MAX+plus II 10.1` 进入 Maxplus II 主界面，如图 C-12 所示。

2）实验步骤 2：创建新文件

新建文件，如图 C-13 所示。

图 C-12　Max+Plus II 主界面

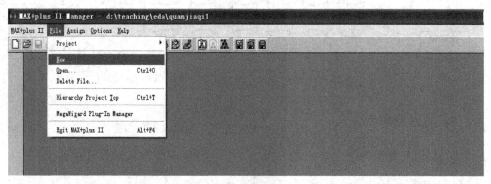

图 C-13　新建文件

　　或者在 MaxplusII 主界面直接单击 ▯ 图标，弹出"New"对话框，如图 C-14 所示。

3）实验步骤 3：输入电路原理图

在图 C-14 中，勾选"Graphic Editor file"选项的单选框，并选择文件类型为".gdf", 然后单击"OK"按钮, 将会出现一个无标题的图形编辑窗口, 如图 C-15 所示。各部分的说明参见图中注释。

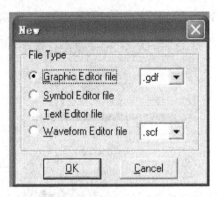

图 C-14 "New" 对话框

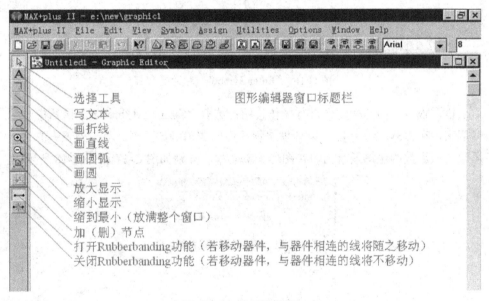

图 C-15 图形编辑窗口

（1）输入逻辑单元符号。

通过点选菜单栏 Symbol→Enter Symbol...进入"Enter Symbol"对话框，或双击鼠标右键弹出"Enter Symbol"对话框，如图 C-16 所示。

由图 C-16 可知：prim（Primitives）库包含各种基本门电路、触发器、缓冲器、输入/输出、电源、地；mf（Macrofunctions）库包含以 74 系列为主的器件；mega_lpm（Megafunctions）库为 Library of Parameterized Modules 参数

化的模块库；edif（Electronic Design Interchange Format）库用于设计数据标准传输格式。

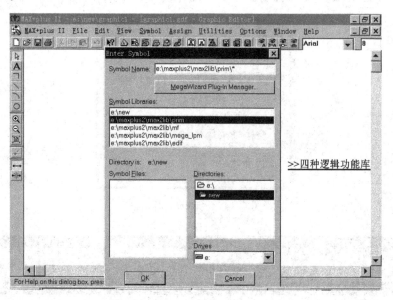

图 C-16 "Enter Symbol" 对话框

以两输入与门选取为例进行操作说明：选取 "Symbol Libraries" 区域中一项并双击，在 "Symbol Files" 框内就出现相应的逻辑函数列表，双击列表中的某一函数，该函数的逻辑图就出现在图形编辑器中，分别如图 C-17 和图 C-18 所示。

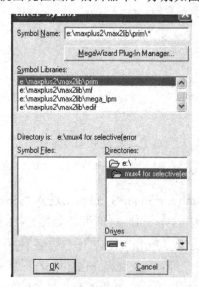

图 C-17 图元输入界面（一）

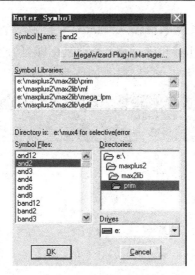

图 C-18　图元输入界面（二）

　　另外，在 Symbol Name 输入框中输入"and2"，也可获取该逻辑函数并将其加入图形编辑器中。常用的元件：与门为"and"，同时要表明输入端的个数，例如两输入与门为"and2"，三输入与门为"and3"；或门为"or"，用"or2"或"or3"等表示；与非门为"nand"，与或门为"nor"，异或门为"xor"等。

　　本例中，需要输入三个两输入的与门和一个三输入的或门；以及三个输入端和一个输出端。电路图符号的调用与编辑如图 C-19 所示。

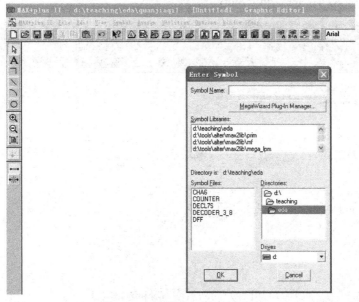

图 C-19　图元输入界面（三）

在"Symbol Name:"输入框输入"and2",得到一个两输入的与门,并将其进行复制(同时按住 Ctrl 键和鼠标键,拖动鼠标即可);然后在"Symbol Name"输入框中输入"or3",得到一个三输入的或门,如图 C-20 所示。

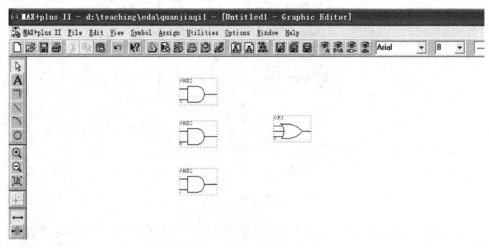

图 C-20　复制及输入图元

(2)设置输入端和输出端(即引管脚)。

将输入端和输出端放入图形编辑器,如图 C-21 所示。输入端和输出端可以在 prim→Symbol Files 中,分别查找 input 和 output;也可以直接在"Symbol Name"中输入"input"和"output"。

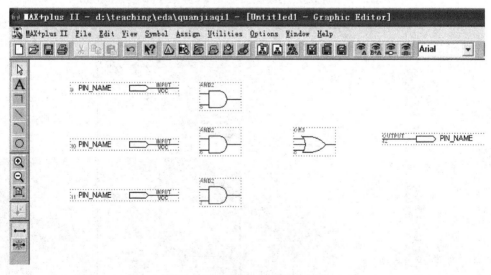

图 C-21　添加输入端和输出端

（3）引脚的命名。

系统默认的引脚名为 PIN_NAME。在引脚上的 PIN_NAME 处双击鼠标左键，然后输入名字。对于需要命名的引线，也可以同样处理。对于 n 位宽的总线 A 命名时，可以采用 A[n–1...0] 形式，其中单个信号用 A0, A1, A2, …, An 形式。

本例中，将输入引脚分别命名为 A，B，C，输出命名为 F，如图 C-22 所示。

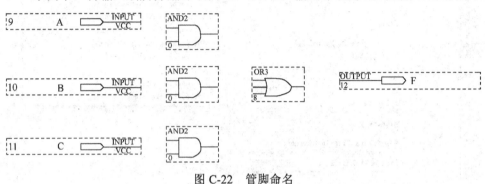

图 C-22　管脚命名

（4）连线。

如果需要连接两个端口，将鼠标移到其中一个端口，则鼠标光标会自动变为 "+" 形状；一直按住鼠标的左键并将鼠标拖到第二个端口，放开鼠标左键，则一条连接线被画好了。 如果需要删除一根连接线，用鼠标单击这根连接线（线的颜色将变为红色）并单击键盘 Del 键，则删除该连接线，如图 C-23 所示。

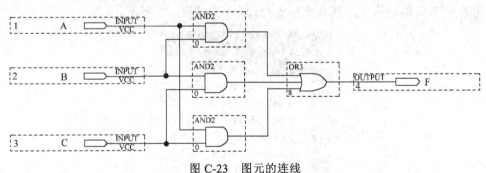

图 C-23　图元的连线

（5）保存文件并检查错误。

通过菜单栏 File→Save，可以保存文件。

注意：文件不能保存在根目录下，只能保存在某个文件夹下，文件夹名不能用中文，且不可以带空格。将文件放入当前的工程中（即程序被激活），如图 C-24 所示。

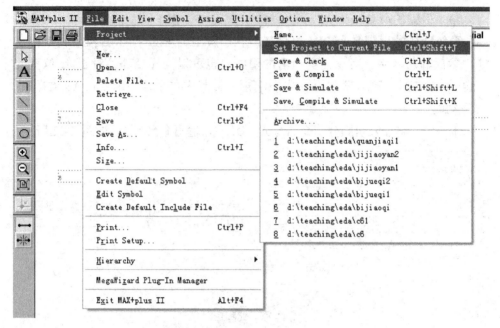

图 C-24　将文件放入当前工程

4）实验步骤 4：文件编译

通过菜单栏 File→Project→Save & Check，保存文件并检查电路中的逻辑错误。如有逻辑错误，将会弹出信息处理窗口，通过错误自动定位（Locate），返回编辑窗口改正错误。或者直接进行编译，如图 C-25 所示。

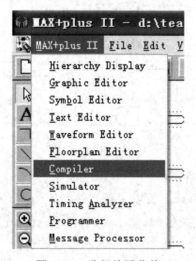

图 C-25　选择编译菜单

将弹出"Compiler",如图 C-26 所示。

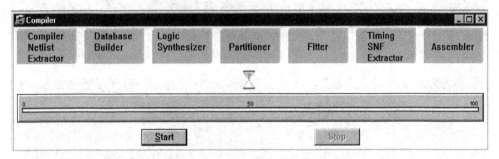

图 C-26 "Compiler"对话框

单击"Start"按钮开始编译,Maxplus II 编译器将检查项目是否有错,并对项目进行逻辑综合、优化、布局布线,然后配置到一个 Altera 器件中,同时将产生报告文件、编程文件和用于定时仿真用的输出文件。

编译没有错误,将出现如图 C-27 所示的信息提示框。

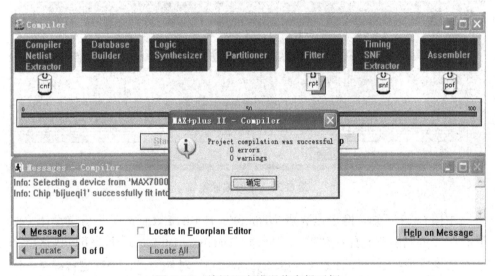

图 C-27 编译没有错误信息提示框

如果出现错误,根据提示返回编辑窗口进行修改,直至正确为止。

两种编译方式:功能编译和定时编译。

● 功能编译只检查逻辑设计是否正确,与实际器件无关。

通过菜单栏 Maxplus II→Compiler,进入编译界面;再选择菜单栏 Processing →Functional SNF Extractor,进入功能编译界面如图 C-28 所示。

● 定时编译与实际器件有关,完成的功能较多,如图 C-29 所示。

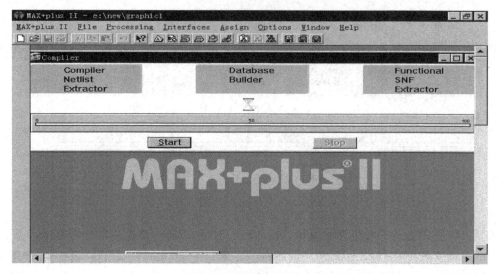

图 C-28　功能编译窗口

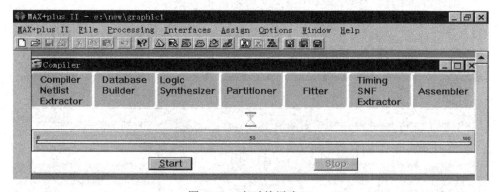

图 C-29　定时编译窗口

由图 C-29 可知，网表提取器（Complier Netlist Extractor）将所有设计文件转化为二进制网表文件；数据库建立器（Database Builder）建立用以描述整个设计的数据库；逻辑综合器（Logic Synthesizer）对整个设计进行逻辑综合、优化触发器设计等；分割器（Partitioner）选择适合当前项目设计的相应器件；适配器（Fitter）将逻辑设计在特定器件内实现，生成报告文件；仿真网表提取器（Timing SNF Extractor）生成时延仿真所需的各种文件；装配器（Assembler）生成用以硬件编程的各种文件。

5）实验步骤 5: 设计项目的仿真

由于编译成功的设计并不一定完全正确，为验证设计的电路是否真正达到设计要求，需要进行仿真验证。Maxplus II 的仿真（Simulator）分为两种：一种是功能仿真（Functional Simulation）：仅测试项目的逻辑功能；另一种是定时仿真（Timing Simulation）：不仅测试项目的逻辑功能，还测试目标器件最差情况下的时间关系。

（1）新建仿真波形文件。

如图 C-30 所示，勾选"Waveform Editor file"选项并选择文件类型为".scf"，出现波形编辑器窗口，如图 C-31 所示。

图 C-30　新建波形编译文件

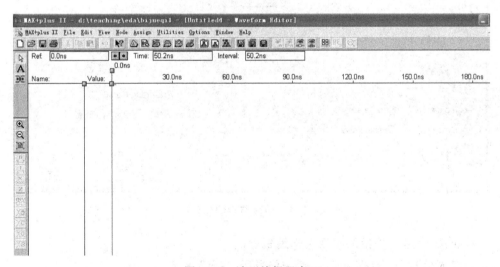

图 C-31　波形编辑器窗口

（2）选择仿真节点。

通过菜单栏 Node→Enter Node from SNF，进入仿真节点选择菜单，如图 C-32 所示。

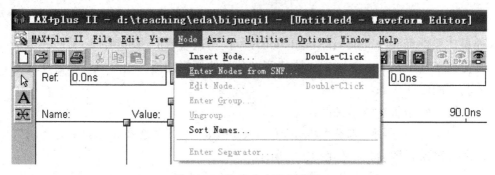

图 C-32 仿真节点选择菜单

单击"List"按钮，可列出所有的节点。选中需要的节点，并单击"→"按钮，把选中的节点送到右窗口，即"Selected Node & Groups"区域，如图 C-33 所示。

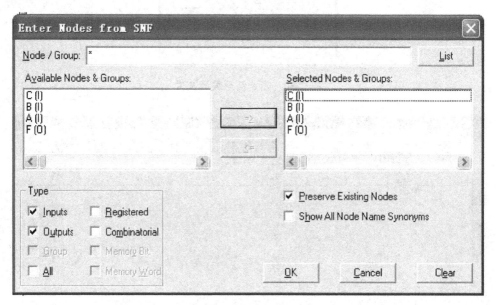

图 C-33 仿真节点编译窗口

单击"OK"按钮，出现波形编辑器。

输入信号用"▶-"表示；输出信号用"-▶"表示。

（3）对输入节点进行波形编辑。

● 设置栅格间距：通过菜单栏 Options→Grid Size...可以设置栅格间距。

● 设置仿真结束时间：通过菜单栏 File→End time...可以设置结束时间。

● 给输入节点加载信号，如图 C-34 所示。

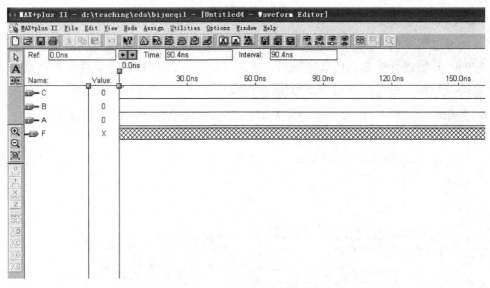

图 C-34   输入节点加载信号的示意图

仿真节点输入波形步骤如下：单击选中 A 信号或 B 信号，仿真节点输入波形编辑器左边将显示出波形工具栏，工具栏各键的含义如图 C-35 所示。

图 C-35   波形工具栏各键含义说明

给输入节点加载信号后，保存波形文件。此文件与原理图文件命名相同，只是文件类型不同而已，而且必须保存在同一个文件夹内，按照软件弹出命名的文件直接命名即可。

（4）仿真。

通过菜单栏 Maxplus II→Simulator，出现仿真器运行环境，单击"Start"按钮，开始进行仿真。仿真完成后，单击"Open SCF"按钮，则可观察仿真结果的波形图。也可以通过单击 图标直接进行仿真，如图 C-36 所示。

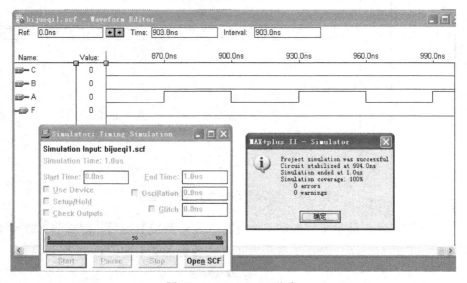

图 C-36　Maxplus II 仿真

（5）仿真波形分析。

对仿真结果进行分析，查看电路的延迟情况，可以手动读出延迟时间，也可以用软件分析时间延迟，通过菜单栏 Maxplus II→Timing Analyzer 进行延迟分析，如图 C-37 所示。在"Timing Analyzer"对话框中，单击"Start"按钮进行延迟分析，如图 C-38 所示。

图 C-37　"Timing Analyzer"选项

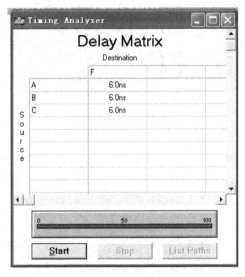

图 C-38　"Timing Analyzer" 对话框

6) 实验步骤 6: 创建默认的逻辑符号

波形仿真无误后,在原理图编辑界面(在其他界面,该项不可选),通过菜单栏 File→Create Default Symbol,创建逻辑符号文件(.sym)。该符号类同宏功能函数符号,可被高层设计调用。生成的逻辑符号(也称为图元符号)可以用 "Open" 键打开查看,这时要选择的文件类型为 ".sym" 即可打开查看,如图 C-39 和图 C-40 所示。

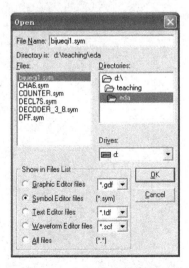

图 C-39　打开图元编辑窗口

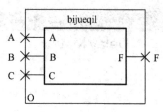

图 C-40   生成的图元

附录 D　用 VHDL 语言描述组合逻辑电路

1. VHDL 简介

硬件描述语言（HDL）是可以描述硬件电路的功能、信号连接关系和定时关系的语言。利用硬件描述语言编程来表示逻辑器件与系统硬件的功能和行为，是该设计方法的一个重要特征。

从系统的总体要求出发，自上而下逐步将设计内容细化，最后完成系统硬件的总体设计。设计的三个层次分别为：

- 第一层次是行为描述。实质上就是对整个系统的数学模型的描述（抽象程度高）。
- 第二层次是 RTL 方式描述，又称寄存器传输描述（数据流描述），以实现逻辑综合。
- 第三层次是逻辑综合，就是利用逻辑综合工具，将 RTL 方式描述的程序转换成用基本逻辑元件表示的文件（门级网络表）。在门电路级上再进行仿真，并检查定时关系。

完成硬件设计的两种选择：

- 由自动布线程序将网络表转换成相应的 ASIC 芯片制造工艺，制造出 ASIC 芯片。
- 将网络表转换成 FPGA 编程代码，利用 FPGA 器件完成硬件电路设计。

常用的硬件描述语言有 VHDL、Verilog HDL 和 ABEL。

- VHDL：作为 IEEE 的工业标准硬件描述语言，在电子工程领域，已成为事实上的通用硬件描述语言。
- Verilog HDL：支持的 EDA 工具较多，适用于 RTL 级和门电路级的描述，其综合过程较 VHDL 稍简单，但其在高级描述方面不如 VHDL。
- ABEL：一种支持各种不同输入方式的 HDL，被广泛用于各种可编程逻辑器件的逻辑功能设计，由于其语言描述的独立性，因而适用于各种不同规模的可编程器件的设计。

美国国防部 1982 年开发 VHDL（Very-High-Speed Integrated Circuit Hardware Description Language）语言，是当前广泛使用的 HDL 语言之一，并

被 IEEE 和美国防部采用为标准的 HDL 语言。其主要的优点有：
- 设计技术齐全、方法灵活、支持广泛。
- 系统硬件描述能力强。
- 可以与工艺无关编程。
- 语言标准、规范、易于共享和复用。

VHDL 的三个"精髓"：
- 软件的强数据类型与硬件电路的唯一性。
- 硬件行为的并行性决定了 VHDL 语言的并行性。
- 软件仿真的顺序性与实际硬件行为的并行性。

要掌握系统的分析与建模方法，能够将各种基本语法规定熟练地运用于自己的设计中。

在 Maxplus II 软件中，只是在新建文件时，需要选择文本文件，如图 D-1 所示。

图 D-1　新建文本文件

输入 VHDL 程序后，存盘时，文件名必须与实体名相同，扩展名必须为 ".vhd"。其他操作过程与原理图输出法完全相同。

2．VHDL 语言程序的基本结构

（1）VHDL 语言设计的基本单元及其构成。

一个完整的 VHDL 语言程序通常包含实体（Entity）、构造体（Architecture）、配置（Configuration）、包集合（Package）和库（Library），其功能分别为：
- 实体——用于描述所设计的系统的外部接口信号；
- 构造体——用于描述系统内部的结构和行为；
- 配置——用于从库中选取所需单元来组成系统设计的不同版本；
- 包集合——存放各设计模块都能共享的数据类型、常数和子程序库；

● 库——存放已经编译的实体、构造体、包集合和配置。

（2）VHDL 描述电路的基本构成是由实体和结构体两部分组成的。

● 实体描述基本格式

```
ENTITY 实体名 IS
PORT （端口名：端口方向，信号类型；
    ⋮
        端口名：端口方向，信号类型）；
END 实体名；
```

端口方向：in（输入），只能读，用于时钟输入、控制输入（装入、复位、使能）、单向数据输入。out（输出），只能被赋值，用于不能反馈的输出。Inout（输入输出），既可读又可被赋值，被读的值是端口输入值而不是被赋的值，作为双向端口。buffer（缓冲），类似于输出，但可以读，读的值是被赋的值，用作内部反馈用，不能作为双向端口使用。

● 结构体描述基本格式

```
ARCHITECTURE 结构体名 OF 实体名 IS
[声明部分] 内部信号名、信号类型等；
BEGIN
[描述部分] 具体描述结构体的行为及其连接关系；
END 结构体名；
```

例 D-1：实体定义举例 1。

```
ENTITY decoder_3_8 IS
PORT(G1,G2A,G2B: IN STD_LOGIC;
    address: IN STD_LOGIC_VECTOR (2 DOWNTO 0);
    Y_L: OUT STD_LOGIC_VECTOR (0 TO 7));
END decoder_3_8;
```

本例中定义了一个实体，实体名称为"decoder_3_8"，输入信号为 G1,G2A,G2B（1b 标准逻辑位数据类型）和 address（3b 标准逻辑位数据类型）；输出信号为 Y_L（8b 标准逻辑位数据类型）。

例 D-2：实体定义举例 2。

```
ENTITY xxxx IS
PORT(a,b: IN BIT;  s,co: OUT BIT);
END xxxx;
```

本例定义了一个实体，实体名称为"xxxx"，输入信号为 a 和 b（位数据类型），输出信号为 s 和 co。

例 D-3：结构体举例。

```
ARCHITECTURE h OF xxxx IS
SIGNAL c, d: BIT;
BEGIN
c<= a OR b;
d <= a NAND b;
co <= NOT d;
s<= c AND d;
END h;
```

本例为实体"xxxx"定义了一个结构体，结构体的名称为 h。其中，定义 c 和 d 为 SIGNAL 类型（SIGNAL 是连接实体或进程的主要机制，用于在实体或进程之间传送信息）。BEGIN 和 END 中间的内容是对结构体行为和连接关系的描述。这里涉及几个逻辑运算符：OR（或）、NAND（与非）、NOT（非）和 AND（与）。"<="为信号传输（赋值）符号，即将赋值符号侧的值赋给赋值符号左侧。

3. 数据对象

可以赋予一个值的对象称为数据对象（或者客体）（Object）。数据对象包括：

- 信号（Signal）：是连接实体（或进程）的主要机制，用信号在实体（或进程）之间传送信息。
- 变量（Variable）：变量对象位于进程和子程序中，主要用于局部计算结果的暂存。
- 常数（Constant）：命名数据类型的一种特殊值。

表 D-1 数据对象的含义与说明

客体说明	含　义	说　明　场　合
信号	全局量	architecture, package, entity
变量	局部量	process, function,　procedure
常数	全局量、局部量	包括上面两种场合

（1）常数。

格式：

```
constant 常数名：数据类型[：=初始值];
```

例 D-4：

```
constant Vcc : real:=5.0;
constant delay,delay:Time:=10ns;
```

需要注意的是，常数赋值后不能变；赋的值要与数据类型一致；常数有和信号一样的可视性规则，在程序包中说明的常数为全局量；在实体说明部分的常数可以被该实体中任何构造体引用，在构造体中的常数能被其构造体内部任何语句采用，包括被进程语句采用；在进程说明中说明的常量只能在进程中使用。

（2）变量。

只能在进程、函数或过程中使用；用作局部的数据存储，为局部量，赋值后立即生效。

格式：

```
Variable 变量名：数据类型 [约束条件] [：=表达式];
```

例 D-5：变量举例。

```
Variable x,y:integer;
Variable count:integer range 0 to 255:=10;
```

（3）信号。

信号把实体连接在一起形成模块，信号是实体间动态数据交换的手段；除无方向说明外，与端口概念一致；通常在构造体、包集合、实体中说明。全局信号在程序包中说明，它们被所属的实体分享。

格式：

```
signal 变量名：数据类型[约束条件][：=初始值];
```

需要注意的是，关键词 signal 后跟一个或者多个信号名，每个信号名将建一个新信号，用冒号：把信号名和信号的数据类型分隔开，信号数据类型规定信号包含的数据类型信息，最后信号还可以包含初始化信号指定的初值。

例 D-6：信号举例。

```
signal ground:bit:='0';
signal en :std_logic_vector(7 downto 0);
```

信号赋值有附加延迟；信号为全局量，可实现进程之间的通信；程序中赋值采用 "<="。

（4）Δ延迟。

进程中向信号赋值的时刻和信号得到该值的时刻之间有延迟；当向信号赋值时未给定延迟，但有一隐含延迟，称 Δ 延迟；Δ 延迟是一个无穷小的时间量。

（5）信号与变量的区别。

信号与变量的区别主要有以下几个方面：

- 变量赋值立即发生，无延迟；信号赋值至少有 Δ 延迟，在进程中仅当碰到 wait 语句或进程结束赋值才生效。
- 进程只对信号敏感，而对变量不敏感。
- 信号除当前值外还有许多相关信息，而变量只有当前值。
- 信号是全局量，变量为局部量。
- 信号在电路中的功能是保存变化的数值和连接子元件；变量在电路中无类似的对应关系，用于计算。

4．数据类型

数据类型规定数据对象的特征和取值的范围，VHDL 包含很宽范围的数据类型，可以建立简单的或者复杂的对象。

一个新的数据类型必须先建立一个类型说明。类型说明规定类型名和类型的范围，在程序包说明部分、实体说明部分、结构体说明部分、子程序说明部分和进程说明部分中都允许有类型说明。

格式：

```
TYPE type_name IS type_mark;
```

类型标志 type_mark 包容了规定类型很广泛的方法，如图 D-2 所示，VHDL 数据类型包括标量类型、复合类型、存取类型和文件类型。标量类型包括所有简单的类型，如整数和实数；复合类型包括数组和记录；存取类型在一般编辑语言中等价为指针；文件类型用设计者定义的文件类型，为设计者提供所说明的文件对象。

（1）标量类型描述一次持有一个值的对象，说明为标量类型的对象在任何时间最多只能持有一种标量值，整个对象范围都可引用标量类型，它包括 4 种类型：整数类型、实数类型、可枚举类型和时间类型。

（2）复合类型：可以由小的数据类型复合而成，如可由标量型复合而成。复合类型主要有数组型和记录型。

（3）存取类型：为给定的数据类型的数据对象提供存取方式。

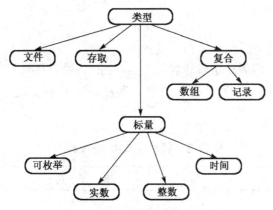

图 D-2   VHDL 数据类型图示

（4）文件类型：用于提供多值存取类型。

这些数据类型又可以分为程序包预定义的数据类型和用户自定义的数据类型两大类。其中，用户自定义的数据类型分为 8 类，如图 D-2 所示；程序包预定义的数据类型分为 8 类，具体含义参见表 D-2。

表 D-2   标准数据类型

序号	数 据 类 型	含 义
1	整数（integer） 自然数（natural） 正整数（positive）	范围：−2147483647～2147483647 范围：0～2147483647 范围：1～2147483647
2	实数（REAL）	浮点数：−1.0E+38～+1.0E+38
3	位（BIT）	逻辑"0"或"1"
4	位矢量（BIT_VECTOR）	位矢量
5	布尔（BOOLEAN）	逻辑"假"或"真"
6	字符（CHARACTER）	ASCII 字符
7	时间（TIME）	时间单位 fs，ps，ns，us，ms，sec，min，hr
8	字符串（STRING）	字符矢量

VHDL 中的预定义类型，用户不必明显地说明就可以直接使用，在 STANDARD 程序包中定义。

IEEE 预定义的标准逻辑位（STD_LOGIC）与矢量（STD_LOGIC_VECTOR）也是比较常用的数据类型，定义在"STD_LOGIC_1164"程序包中。

5．操作符

操作符主要有四类：逻辑运算符（Logical）、关系运算符（Relational）、算术运算符（Arithmetic）和并置（连接）运算符（Concatenation）。操作符的优先顺序参见表 D-3。

表 D-3　操作符的优先级顺序

优先级顺序	类　　型	操　作　符	功　　能
低 ↓ 高	逻辑运算符	AND	逻辑与
		OR	逻辑或
		NAND	逻辑与非
		NOR	逻辑或非
		XOR	逻辑异或
	关系运算符	=	等于
		/=	不等于
		<	小于
		>	大于
		<=	小于等于
		>=	大于等于
	算术运算符	+	加
		−	减
	并置（连接）运算符	&	并置
	算术运算符	+	正
		−	负
		*	乘
		/	除
		MOD	求模
		REM	取余
		**	指数
		ABS	取绝对值
	逻辑运算符	NOT	取反

（1）逻辑运算符。

共有 6 种：NOT，AND，OR，NAND，NOR 和 XOR。对应操作数的类型有：STD_LOGIC，BIT，STD_LOGIC_VECTOR，BIT_VECTOR 和 BOOLEAN。需要注意的是，操作数必须同类型；数组操作数必须同长度；作用于两个数组操作数的逻辑运算符就是作用在两个数组相应的元素对上，运算结果为同长度数组；表达式左右无优先级差别，必要时加括号；当表达式中仅有"and"，"or"，"xor"运算符时，可省略括号；"not"优先级最高。

（2）算术运算符。

共有 10 种：+（加），-（减），*，/，MOD，REM，+（正），-（负），**，ABS。一元运算（"+"：取正，"-"：取负）操作数为任何类型；加减操作数类型与逻辑运算符的操作数类型相同；乘除操作数可同为整数或实数型，也可以是物理量；求模和取余的操作数必须为整数型；指数运算的左操作数可为整数或实数型，而右操作数为整数型。

（3）关系运算符。

共有 6 种： =, /=, <, <=, >, >= 。比较同类型的两个操作数，返回一个 BOOLEAN 值；"="和"/="适用与各种类型，对数组和记录类型，比较操作数的对应元素，从左开始；其他关系运算适用于：INTEGER，REAL，STD_LOGIC，枚举类型，STD_LOGIC_VECTOR 类型操作数的关系运算两边数据类型必须相同，但位长可以不同。

（4）并置（连接）运算符。

用于一维数组的连接，右边内容接在左边内容之后形成新数组；操作数是数组或数组的元素。

6．VHDL 语言的主要描述语句

1）顺序描述语句

顺序描述语句主要有 WAIT 语句、断言语句、赋值语句、IF 语句、CASE 语句、LOOP 语句、NEXT 语句、跳出循环语句和 NULL 语句等。

（1）WAIT 语句。

WAIT 语句用于多种不同的目的，常用于为综合工具指定时钟输入。另一用途是将进程的执行延时一段时间或者是为了动态地修改进程的敏感表。WAIT 语句的执行会暂停进程的执行，直到信号敏感表发生变化或某种条件满足为

止。若进程中含信号敏感表，则必须紧跟在 PROCESS 语句之后，这等价于该进程最后一个语句为 WAIT ON 语句；此时不能用显式的 WAIT 语句。

4 种不同条件：WAIT（无限等待）、WAIT ON（敏感信号量变化）、WAIT UNTIL（表示当检测到某个信号出现之前，进程被终止）和 WAIT FOR（指定的持续时间）。

格式 1：

```
WAIT ON 信号[，信号]；
```

例 D-7：WAIT ON 语句举例。

```
WAIT ON a，b；表示，当 a 或 b 变化时，进程便执行后继的语句
```

格式 2：

```
WAIT UNTIL 条件表达式
```

例 D-8：WAIT UNTIL 语句举例（一）

```
WAIT UNTIL 信号 = 数值；wait until CLK='1';
```

例 D-9：WAIT UNTIL 语句举例（二）

```
WAIT UNTIL 信号'event and 信号 = 数值；wait until CLK'event and CLK='1';
```

格式 3：

```
WAIT FOR　时间表达式；表示等待指定时间后再继续执行后面的语句；
```

例 D-10：WAIT FOR 语句举例。

```
WAIT FOR 20 ns；等待 20ns
```

（2）断言（assert）语句。

在运行过程中报告指定的错误信息，用于仿真和调试。

基本格式：

```
assert 条件 [report 报告信息] [severity 出错级别]；
```

报告信息：字符串；出错级别：note, warning, error, failure。执行此语句时，如果条件为真，则向下执行，反之，则输出错误信息和出错级别。

（3）赋值语句。

将一个值赋给变量或信号。

格式 1:

  目标:= 表达式;--变量赋值

格式 2:

  目标 <= 表达式;--信号赋值

目标为接受表达式值的变量或信号（或变量或信号的一部分）, 表达式必须求值得到与目标相同的数据类型。

例 D-11: 信号赋值语句举例。

```
variable A,B: BIT;
signal C: BIT_VECTOR(1 TO 4);
A:='1';
B:='0';
C<="1100";
```

（4）IF 语句。

格式 1:

```
if 条件 then
<顺序处理语句>;
end if;
```

格式 2:

```
if 条件 then
<顺序处理语句>;
else
<顺序处理语句>;
end if;
```

格式 3:

```
if 条件 then
<顺序处理语句>;
elsif 条件 then
<顺序处理语句>;
……
elsif 条件 then
<顺序处理语句>;
else
<顺序处理语句>;
end if;
```

说明：

每个条件必须是布尔表达式，每个"if"分支都包括一个或几个顺序语句；每个条件按顺序计算；如果没有一个条件满足且"else"语句存在，则执行"else"语句；如果没有一个条件满足且"else"语句不存在，则什么语句也不执行。

（5）CASE 语句。

格式：

```
CASE  表达式 IS
WHEN  选择  =>顺序处理语句；
END CASE；
```

选择的计算结果必须是整型、枚举型或枚举型数组；选择为静态表达式或动态范围，最终的选择是可以是"others"，选择不能重叠，若无"others"选择，那么选择必须覆盖表达式的所有可能值。

4 种选择类型：

```
WHEN  值  =>顺序处理语句；
WHEN  值｜值｜…｜值  =>顺序处理语句；
WHEN  值 TO 值=>顺序处理语句；
WHEN OTHERS=>顺序处理语句；
```

（6）LOOP 语句。

重复执行顺序语句，两种形式：for … loop 和 while … loop。

for … loop：迭代次数由一个整数范围确定，对该范围内的每一个值循环执行一次。当迭代范围中的最后一个值迭代完成后，跳出循环，继续执行循环后的下一个语句。

格式：

```
[标号]：for 循环变量 in 范围  loop
    <顺序处理语句>；
        end loop [标号名]；
```

其中，循环变量只能在循环内读取，也不能给循环变量赋值。

"范围"的表达式为

```
整数表达式  to  整数表达式
整数表达式  downto  整数表达式
其他
```

例 D-12：for … loop 语句举例。

```
asum: for i in 1 to 9 loop
  sum:= i+sum;
end loop asum;
```

"while … loop"只要迭代条件满足，就重复执行封闭的语句。如果迭代条件求值为"真"，则封闭的语句就执行一次，然后迭代条件重新求值。当迭代条件求值仍为"真"，循环则重复执行，否则跳出循环，继续执行循环后的下一个语句。

格式：

```
[标号]: while 条件 loop
    <顺序处理语句>;
end loop [标号名];
```

条件为布尔表达式。

例 D-13：while…loop 语句举例。

```
i:=1;
sum:=0;
sbcd:  while ( i < 10)  loop
sum:= i+sum;
i:=i +1;
end loop sbcd;
```

（7）NEXT 语句。

停止本次迭代，转入下一次迭代。

格式：

```
next [标号] [when 条件];
```

其中，[标号]表明下一次迭代的起始位置；若既无[标号]，也无[when 条件]，则执行到该语句就立即跳出本次循环，再从 loop 的起始位置进行下次迭代。嵌套循环中也可以使用 NEXT 语句。

例 D-14：NEXT 语句举例。

```
signal X,Y: BIT_VECTOR(0 to 7);
A_LOOP: for I in X' range loop
......
```

```
    B_LOOP: for J in Y' range loop
       ......
       next A_LOOP when I = J ;
       ......
    end loop B_LOOP;
 ......
 end loop A_LOOP;
```

当条件满足时，从循环 B 中跳出，到从外循环 A 开始迭代。

（8）跳出循环语句——EXIT 语句。

用于循环体内部，有条件或无条件地结束当前的迭代和循环。

格式：

```
    exit [loop 标号] [when 条件];
```

当条件满足时，结束循环，继续循环后的下一语句。

嵌套循环中的 3 种形式：

● 若无[loop 标号]：执行 exit 时，程序仅从当前所属的 loop 循环中跳出。

● 若 exit 后接[loop 标号]：执行 exit 时，程序跳到说明的标号。

● exit 后接 [when 条件]：执行 exit 时，只有当条件为"真"时才跳出循环。

例 D-15：EXIT 语句举例。

```
signal A,B: BIT_VECTOR(1 downto 8);
signal A_LESS_THAN_B: boolean;
......
A_LESS_THAN_B<=FALSE;
......
for I in 1 downto 0 loop
  if(A(I) ='1' and B(I)='0') then
    A_LESS_THAN_B<=FALSE;
    exit;
  elsif(A(I) ='0' and B(I)='1') then
    A_LESS_THAN_B<=TRUE;
    exit;
  else
    null;
  end if;
end loop;
```

EXIT 语句与 NEXT 语句比较：两者格式相同，都是跳出循环的剩余语句；但 EXIT 语句是终止循环的，而 NEXT 语句则是继续下一次循环的。

（9）NULL 语句。

只占位置的空操作，对信号赋空值，表示关闭。

2）并发描述语句

并发描述语句包括进程（PROCESS）语句、并发信号赋值（CONCURRENT SIGNAL ASSIGNMENT）语句、条件信号赋值（CONDITIONAL SIGNAL ASSIGNMENT）语句、选择信号赋值（SELECTIVE SIGNAL ASSIGNMENT）语句和块（BLOCK）语句。

（1）进程（PROCESS）语句。

一个结构体中的所有进程并发运行；每个进程中的所有语句都顺序执行；进程中包含一个显式信号敏感表或 WAIT 语句；进程之间的通信靠信号来传递。

（2）并发信号赋值（CONCURRENT SIGNAL ASSIGNMENT）语句。

在构造体的进程之外使用，等价于包含顺序赋值语句的进程；并发信号赋值语句在仿真时同时运行。

格式：

```
目标 <= 表达式；
```

其中，"目标"为接受表达式值的信号。

例 D-16：并发信号赋值语句举例。

```
architecture behav of a_var is
begin
    output<=a(i);
end behav;
```

等价于进程中的赋值语句。

（3）条件信号赋值（CONDITIONAL SIGNAL ASSIGNMENT）语句。

格式：

```
目标 <= 表达式 1  when 条件 1  else
        表达式 2  when 条件 2  else
           ⋮               ⋮
        表达式 n；
```

其中，"目标"为接受表达式值的信号；所使用的表达式是"条件"为真的第一个（按顺序）表达式；如果没有条件为"真"，则将最后一个表达式赋值给目标；若多个条件为"真"时，则仅第一个表达式有效，如同 IF 语句的第一个条件为真时的分支一样。

　　与 IF 语句的区别：IF 只能在进程内使用，而条件赋值语句在进程外使用；IF 语句可以没有 else，而条件赋值语句一定要有 else；IF 语句可以嵌套，而条件赋值语句不能进行嵌套；IF 语句可以生成锁存电路，条件赋值语句不能生成锁存电路。

　　（4）选择信号赋值（SELECTIVE SIGNAL ASSIGNMENT）语句。

　　格式：

```
with 选择表达式  select
   目标 <= 表达式 1  when 条件 1
        表达式 2  when 条件 2
          ⋮          ⋮
        表达式 n  when 条件 n;
```

其中，"目标"为接受表达式值的信号；包括选择表达式值的第一个条件所对应的表达式的值赋给目标；每个选择为静态表达式或静态范围；选择表达式中的每一个值都必须由一个选择所覆盖；最后的选择可以是 others。

　　约束：各条件不得重叠；若无 others，则选择表达式的所有可能值都必须被条件集合所覆盖。

　　例 D-17：选择信号赋值语句举例。

```
siganl A,B,C,D,Z:BIT
signal CONTROL:bit_vector(1 downto 0);
    ……
with CONTROL select
  Z<= A when "00",
     B when "01",
     C when "10",
     D when "11" ,
     'X'when others;
```

　　等价的 case 语句：

```
process(CONTROL,A,B,C,D)
begin
 case CONTROL is
```

```
        when 0=> Z<=A;
        when 1=> Z<=B;
        when 2=> Z<=C;
        when 3=> Z<=D;
    end case;
end process;
```

（5）块（BLOCK）语句。

块语句是 VHDL 语言本身具有的一种划分机制，允许设计者合理分组一个模型的区域，即把类似的部分由块语句保存在一起。例如，设计 CPU，ALU 一个块、寄存器一个块，而移位寄存器是另一个块。每块表示模块中的一个自包容区域，分别描述局部信号、数据类型和常量等，任何能在结构体说明部分说明的对象都能在块说明部分说明。

block 为并发语句，其所包含的语句也是并发语句。

格式：

```
标号：block
        [块说明语句]；
            begin
    ……
        [并发处理语句]；
    end block 标号名；
```

块说明语句包括 USE 语句、子程序说明与子程序体、类型说明、子类型说明、常数说明、信号说明、元件说明等。块中所说明的目标在该 block 和所有嵌套于内部的 block 中都是可见的。

例 D-18：嵌套 block 语句的举例。

```
B1:block
    signal S: BIT;      --block B1 中 S 的说明
begin
  S<=A and B;           --S 来自 B1
  B2:block
      signal S: BIT;    --block B2 中 S 的说明
  begin
      S<=C and D;       --S 来自 B2

      B3:block
```

```
      begin
       Z<=S;                    --S 来自 B2
      end block B3;
   end block B2;
   Y<=S;                        --S 来自 B1
 end block B1;
```

3）GENERARE 语句

对一个封闭的并发语句集合进行多次复制。

有 2 种形式：for ⋯ generate 和 if ⋯ generate

（1）for ⋯ generate（复制数目由离散范围确定）。

格式：

```
标号: for 变量 in 范围  generate
        <并发处理语句>;
    end generate [标号];
```

其变量（用法类似 LOOP 语句中的循环变量）不要在别处说明；在循环内为局部量，变量只能在循环内读取，也不能给循环变量赋值。

"范围"只有 2 种表达式：

● 整数表达式 to 整数表达式

● 整数表达式 downto 整数表达式

例 D-19：for ⋯ generate 语句举例。

```
signal A,B :bit_vector(3 downto 0);
signal C   :bit_vector(7 downto 0);
signal X   :bit;
GEN_LABEL:for I in 3 downto 0 generate
     C(2*I+1)<=A(I) nor X;
     C(2*I)  <=B(I) nor X;
end generate GEN_LABEL;
```

（2）if ⋯ generate。

格式：

```
标号: if 条件  generate
        <并发处理语句>;
    end generate [标号];
```

当处理不规则的电路时，用 if … generate 处理。

4）属性（ATTRIBUTE）描述

用于从块、信号和类型中获取信息，以减小编程复杂度。

属性的类型包括：数值类、函数类、信号类、数据类型类和数据范围类。

5）过程和函数

子程序由函数和过程组成，函数只有输入参数和单一的返回值，而过程有任意多个输入、输出和双向参数，即过程返回多个变量，而函数则只返回一个变量。过程被看作一种语句，而函数通常是表达式的一部分。过程能单独存在，而函数通常作为语句的一部分。

过程和函数都有两种形式：即并行过程和并行函数，顺序过程和顺序函数。并行过程和并行函数可在进程语句和另一个子程序的外部；而顺序函数和顺序过程仅存在于进程语句和另一个子程序语句。

过程在结构体或者进程中按分散语句的形式存在，而函数经常在赋值语句或表达式中使用。过程中允许使用等待语句和顺序信号赋值语句，而在函数中则不允许。函数中形参为变量或信号，而过程中形参为变量、信号或常量。

（1）过程。

① 结构。

```
procedure 过程名（参数1，参数2，...）    is
   [定义语句]；
begin
   [顺序处理语句]；
end 过程名；
```

参数可以是输入也可以是输出。

② 过程的调用。

用给定参数执行所指明的过程；并发调用和顺序调用。

过程调用的格式：

```
过程名（[名称]=>表达式 {,[名称]=>表达式 }）；
```

其中，语句前可加标号；语句中应带有 in，out 或 inout 参数；有多个返回值。表达式称作实参，通常为标识符；名称为与实参相联系的形参。形参通过位置和名称注释与实参匹配，两种方式可以混合使用，但位置参数必须出现在名称参数之前。

过程调用的三个步骤：实参的值赋给形参；过程执行；形参的值赋给实参。

（2）函数。

函数可在构造体的说明域和程序包的说明和包体中说明和定义。

在构造体中说明的函数只对该实体可见，而在程序包中说明的函数，可通过 use 语句对其设计可见。因此函数通常在包集合中定义。

① 函数定义的结构。

```
function 函数名（参数1，参数2，…）
          return 数据类型名  is
    [定义语句]；
begin
    [顺序处理语句]；
    return  返回变量名
end 函数名；
```

其中，参数为输入参数

② 函数的调用。

函数调用的格式：

```
函数名（[参数名]=>表达式 {,[参数名]=>表达式 }）；
```

其中，参数名为可选项，为形参表达式；表达式为其参数提供一个值；Δ形参通过位置和名称注释与表达式相匹配。

例 D-20：函数举例。

```
function FUNC(A,B,C: INTEGER) return BIT;
⋮
FUNC(1,2,3)
FUNC(B=>2,A=>1,C=>7 mod 4)
FUNC(1,2,C=>-3+6)
```

附录 E 用 VHDL 语言描述时序逻辑电路

时序逻辑电路的描述方法与组合逻辑电路的描述方法大致相同，但时序逻辑电路突出的是时钟信号的描述和置位、复位信号的描述。时序逻辑电路都是以时钟信号为驱动信号，时序逻辑电路只有在时钟信号的边沿到达时，其状态才发生改变，因此，时钟信号通常是描述时序逻辑电路程序的执行条件。时序逻辑电路还有同步复（置）位和非同步复（置）位。同步复（置）位是在复（置）位信号有效且在给定时钟边沿到达时，时序逻辑电路复（置）位。而非同步复（置）位，只要复（置）位信号有效，时序逻辑电路立即复（置）位。

1. 时钟信号

（1）时钟信号描述。

时钟是进程的敏感信号。

例 E-1：示例 1。

```
PROCESS(CLK)
BEGIN
  IF(CLK'EVENT AND CLK='1') THEN
     Q<=D;
  END IF;
END PROCESS;
```

示例的几点说明：

① 含有时钟的 IF 语句中不能有 ELSE 分支。

② 一个进程中不能出现一个以上的时钟信号。

（2）时钟边沿的描述。

边沿表达式必须是 IF 或 ELSIF 语句的唯一条件；边沿表达式不能是另一个逻辑表达式的一部分，也不能用作自变量；边沿说明一定要注明是上升沿还是下降沿。

上升沿到达可写为

```
IF CP='1' AND CP'LAST_VALUE='0' AND CP'EVENT;
```

可简写为

```
IF CP'EVENT AND CP='1'
```

下降沿到达可写为

```
IF CP='0' AND CP'LAST_VALUE='1' AND CP'EVENT
```

可简写为

```
IF CP'EVENT AND CP='0'
```

例 E-2：示例 2。

```
IF(EDGE AND RST='1')      -- 边沿必须是唯一条件
IF X>5 THEN
  ⋮
ELSIF EDGE THEN
  ⋮
ELSE
  ⋮
END IF;                   -- 通常不能使用边沿做中间表达式(RESET 除外)
ANY_FUNCTION(EDGE)-边沿不能做自变量。
```

2. 触发器的同步和异步复位

（1）同步复位。

当时钟信号 CP 满足边沿要求时，复位信号才起作用。在 VHDL 描述时，同步复（置）位一定在以时钟为敏感信号的进程中定义，且用 IF 语句来描述必要的复（置）位条件。

例 E-3：示例 3。

```
PROCESS(CP)
BEGIN
IF(CP'EVENT AND CP='1') THEN
IF(cr='0') THEN
tmprg(n) <= "00...0";
  ⋮
```

例 E-4：示例 4。

```
PROCESS(CLK)
  BEGIN
```

```
IF(CLK'EVENT AND CLK='1') THEN
    IF(RESET='1') THEN
            Q<='0';
    ELSE
            Q<=D;
    END IF;
  END IF;
END PROCESS;
```

（2）异步复位。

复位信号直接起作用，与时钟信号 CP 无关。非同步复（置）位在描述时与同步方式不同，首先在进程的敏感信号中除时钟信号以外，还应加上（置）位信号；其次用 IF 语句描述复（置）位条件；最后在 ELSIF 段描述时钟信号边沿条件。

例 E-5：示例 5。

```
PROCESS(CP,CR)
BEGIN
IF(CR='0') THEN
TMPRG(N) <= "00...0";
IF(CP'EVENT AND CP='1') THEN
  ⋮
```

例 E-6：示例 6。

```
PROCESS(CLK)
  BEGIN
    IF(RESET='1') THEN
      Q<='0';
    ELSIF(CLK'EVENT AND CLK='1') THEN
      Q<=D;
    END IF;
  END PROCESS;
```

3. 触发器信号的几种常用描述形式

（1）时钟高电平有效。
```
PROCESS
  BEGIN
  WAIT UNTIL CLK='1';
  Q1<=D;
```

```
    END PROCESS;
```

（2）低电平有效时钟；

```
    PROCESS
        BEGIN
        WAIT UNTIL CLK='0';
        Q2<=D;
    END PROCESS;
```

（3）高电平有效时钟与异步清除。

```
    PROCESS(CLK,CLR)
    BEGIN
        IF(CLR='1') THEN
            Q3<='0';
        ELSIF(CLK'EVENT AND CLK='1') THEN
            Q3<=D;
        END IF;
    END PROCESS;
```

（4）低电平有效时钟与异步清除。

```
    PROCESS(CLK,CLR)
    BEGIN
        IF(CLR='0') THEN
            Q4<='0';
        ELSIF(CLK'EVENT AND CLK='0') THEN
            Q4<=D;
        END IF;
    END PROCESS;
```

（5）高电平有效时钟与异步置位。

```
    PROCESS(CLK,PRE)
    BEGIN
        IF(PRE ='1') THEN
            Q5<='1';
        ELSIF(CLK'EVENT AND CLK='1') THEN
            Q5<=D;
        END IF;
    END PROCESS;
```

（6）高电平有效时钟与异步加载。

```
PROCESS(CLK,LOAD,DATA)
BEGIN
    IF(LOAD ='1') THEN
        Q6<=DATA;
    ELSIF(CLK'EVENT AND CLK='1') THEN
        Q6<=D;
    END IF;
END PROCESS;
```

（7）高电平有效时钟异步清除与置位。

```
PROCESS(CLK,CLR,PRE)
BEGIN
    IF(CLR ='1') THEN
        Q7<='0';
    ELSIF PRE ='1' THEN
        Q7<='1';
    ELSIF (CLK'EVENT AND CLK='1') THEN
        Q7<=D;
    END IF;
END PROCESS;
```

附录 F　数字系统的设计方法

1. 自顶向下的模块设计方法

自顶向下的模块设计方法就是从系统的总体要求出发，自上而下地逐步将设计内容细化，最后完成系统硬件的总体设计。设计的三个层次：

第一层次是行为描述。实质上就是对整个系统的数学模型的描述（抽象程度高）。

第二层次是 RTL 方式描述，又称寄存器传输描述（数据流描述），以实现逻辑综合。

第三层次是逻辑综合，就是利用逻辑综合工具，将 RTL 方式描述的程序转换成用基本逻辑元件表示的文件（门级网络表）。在门电路级上再进行仿真，并检查定时关系。

完成硬件设计的两种选择：

- 由自动布线程序将网络表转换成相应的 ASIC 芯片制造工艺，制造出 ASIC 芯片。
- 将网络表转换成 FPGA 编程代码，利用 FPGA 器件完成硬件电路设计。

2. 元件例化

元件例化就是将预先设计好的设计实体定义为一个元件，然后利用映射语句将此元件与另一个设计实体中的指定窗口相连，从而进行层次化设计。元件例化是使 VHDL 设计实体构成"自上而下"层次化的一种重要途径。元件例化语句分为元件声明和元件例化两部分。

用元件例化方式设计电路的方法有完成各种元件的设计、元件声明以及通过元件例化语句调用这些元件，产生需要的设计电路。

（1）元件声明。

```
COMPONENT 元件名
    [GENERIC（类属说明）]
    [PORT（端口说明）]
END COMPONENT;
```

（2）元件例化的格式。

元件例化就是将元件的引脚与调用该元件的端口的引脚相关联。关联的方法有位置关联、名字关联和混合关联。

① 位置关联法。

把实际信号按元件端口说明的顺序列在端口映射表上，其格式为

例化名：元件名 PORT MAP（信号 1，信号 2，……）；

② 名字关联法。

将元件端口说明中的端口名赋给实际信号，其格式为

例化名：元件名 PORT MAP（信号关联 1，信号关联 2，……）；

信号关联形式如 A=>A1，B=>B1，是指将元件的引脚 A 与调用该元件的端口 A1 相关联。这种情况下，位置可以是任意的。

③ 混合关联法。

将上述两种方法相结合，即为混合关联法。

例 F-1：示例 1。

```
PORT(A,B: IN BIT;
    C: OUT BIT);
⋮
U1: AND2 PORT MAP(NSEL,D1,AB);              --位置映射
```

例 F-2：示例 2。

```
U1: AND2 PORT MAP(A=>NSEL,B=>D1,C=>AB);     --名称映射
```

3. 元件生成

生成语句（GENERATE）是一种可以建立重复结构或者是在多个模块的表示形式之间进行选择的语句。由于生成语句可以用来产生多个相同的结构，因此使用生成语句就可以避免多段相同结构的 VHDL 程序的重复书写（相当于复制）。

生成语句有两种形式：FOR-GENERATE 模式和 IF-GENERATE 模式。

（1）FOR-GENERATE 模式的生成语句。

格式为：

```
标号：FOR 循环变量 IN 离散范围 GENERATE
  <并行处理语句>;
END GENERATE 标号;
```

其中，循环变量的值在每次的循环中都将发生变化；离散范围用来指定循环变量的取值范围，循环变量的取值将从取值范围最左边的值开始并且递增到取值范围最右边的值，实际上也就限制了循环的次数；循环变量每取一个值就要执行一次 GENERATE 语句体中的并行处理语句；最后 FOR-GENERATE 模式生成语句以保留字"END GENERATE 标号；"来结束 GENERATE 语句的循环。

（2）IF-GENERATE 模式生成语句。

格式为：

```
标号：IF 条件 GENERATE
    <并行处理语句>
END GENERATE 标号；
```

例 F-3：1 个 D 触发器。

```
LIBRARY IEEE; USE IEEE.STD_LOGIC_1164.ALL;
ENTITY DFF1 IS
 PORT(
  CLK: IN STD_LOGIC;
    D: IN STD_LOGIC;
    Q: OUT STD_LOGIC);
END DFF1;
ARCHITECTURE ARCHDFF OF DFF1 IS
BEGIN
P1:PROCESS(CLK)
    BEGIN
    IF (CLK'EVENT AND CLK='1')THEN
      Q<=D;
    END IF;
   END PROCESS;
END ARCHDFF;
```

例 F-4：2 个 D 触发器级联。

```
LIBRARY IEEE;
USE IEEE.STD_LOGIC_1164.ALL;
ENTITY DFF2 IS
PORT(CLK : IN STD_LOGIC;
      D : IN STD_LOGIC;
```

```
        Q : OUT STD_LOGIC);
END DFF2;
ARCHITECTURE ONE OF DFF2 IS
COMPONENT DFF1
  PORT(CLK : IN STD_LOGIC;
         D : IN STD_LOGIC;
         Q : OUT STD_LOGIC);
END COMPONENT;
SIGNAL Q0,Q1 : STD_LOGIC;
BEGIN
  U0: DFF1 PORT MAP(CLK,D,Q0);
  U1: DFF1 PORT MAP(CLK,Q0,Q1);
Q <= Q1;
END ONE;
```

反侵权盗版声明

电子工业出版社依法对本作品享有专有出版权。任何未经权利人书面许可，复制、销售或通过信息网络传播本作品的行为；歪曲、篡改、剽窃本作品的行为，均违反《中华人民共和国著作权法》，其行为人应承担相应的民事责任和行政责任，构成犯罪的，将被依法追究刑事责任。

为了维护市场秩序，保护权利人的合法权益，我社将依法查处和打击侵权盗版的单位和个人。欢迎社会各界人士积极举报侵权盗版行为，本社将奖励举报有功人员，并保证举报人的信息不被泄露。

举报电话：（010）88254396；（010）88258888

传　　真：（010）88254397

E-mail：　dbqq@phei.com.cn

通信地址：北京市海淀区万寿路 173 信箱

　　　　　电子工业出版社总编办公室

邮　　编：100036